TOUT CE QUE VOUS AVEZ TOUJOURS VOULU SAVOIR SUR LE CERVEAU

GUIDE VISUEL à destination des esprits curieux et pressés

Paul T. Somerville

Hatier
www.editions-hatier.fr

Collection conçue et dirigée par Philippe Tamic
Auteur : Paul T. Somerville

Mise au point des textes : Jessica Binois, Aurore Soares, Philippe Tamic

Réalisation éditoriale et direction artistique : ••• MediaSarbacane

Achevé d'imprimer par Lego Print à Vicenza – Italie
Dépôt légal 95820 5 /01 – Décembre 2011

 ISBN : 978-2-218-95820-5

Pourquoi avons-nous besoin d'un cerveau ? Quelle est sa fonction ?

Pourquoi tous ces composants complexes, les neurones, les neurotransmetteurs, les cellules gliales n'accomplissent pas toujours, comme l'explique cet ouvrage, ce qu'ils sont censés accomplir ?
Il y a, à propos de l'évolution, un simple fait, rarement mentionné et très révélateur : les plantes n'ont pas de cerveau. Seuls les animaux et les insectes en ont un. Le cerveau a évolué parce que les créatures douées de mobilité, même les plus primitives, ont été confrontées à des environnements imprévisibles en constante évolution. Les plantes n'ont pas de cerveau parce qu'elles ne se déplacent pas. Chez les animaux et les insectes, le mouvement crée un monde de sensations visuelles, tactiles et auditives déstructurées et instables.
La fonction du cerveau — probablement la principale raison de son évolution —, c'est de créer un environnement sensoriel stable et cohérent que l'organisme individuel puisse comprendre et utiliser.
Le cerveau accomplit cela en inventant — en créant — ce que nous percevons. Les stimuli sensoriels sont transformés en inventions (ou constructions mentales) que nous voyons, entendons et ressentons lorsque nous regardons, écoutons, percevons notre environnement.

Prenons l'exemple de la vision : il n'y a pas de couleurs dans le monde visuel, sinon de nombreuses ondes lumineuses incolores d'intensités variables. Si nous avions conscience de notre monde visuel réel, nous verrions des images constamment changeantes de gris sale — des images constamment changeantes qui seraient très déroutantes et nous empêcheraient souvent de distinguer des formes. Notre monde visuel est stabilisé parce que, selon toute apparence, le cerveau compare les variations de clarté et d'ombre dans les différentes longueurs d'onde de la lumière (auxquelles l'œil est sensible).
La conséquence de ces comparaisons est ce que nous percevons comme étant la couleur. En d'autres termes, la couleur simplifie et stabilise notre environnement visuel. Le cerveau crée une notion de constante des couleurs : peu importent les facteurs d'éclairage (un ensoleillement éclatant, un rayonnement solaire filtré ou bien une lumière artificielle), les couleurs, elles, restent plus ou moins inchangées. Cette remarquable aptitude n'est pas complètement comprise ni assimilée. Mais le fait est que les couleurs ne sont pas dans notre environnement, elles sont dans notre tête — de pures inventions du cerveau.
Le cerveau crée donc quelque chose qui n'est pas là. Et, ce faisant, il nous aide à appréhender et à manipuler notre environnement. Cette créativité du cerveau fut décrite de manière saisissante par le savant français Charles Bonnet au XVIIIe siècle. Bonnet relata comment la perte partielle de vision chez les individus âgés — perte qui engendre des taches aveugles (scotomes) dans leurs champs visuels — était

compensée par des « Lilliputiens » : de petites gens, de petits oiseaux, de petits animaux. Ces hallucinations sont d'origine neurologique — ce sont des exemples de la façon dont le cerveau s'ingénie à créer, à construire un environnement stable : il comble les vides du champ visuel générés par des lésions rétiniennes.
On pourrait dire que le cerveau est comme un pâtissier qui fait cuire un gâteau. Les ingrédients entrant dans la composition du gâteau se transforment dès qu'on les met au four. Un cerveau ayant subi des lésions dispose de tous les ingrédients mais pas du four. Les couleurs que nous voyons, les mots que nous lisons, la musique que nous jouons et que nous écoutons, en résumé notre entière expérience sensorielle, font partie des tentatives du cerveau pour créer un environnement stable que nous puissions comprendre.

Ce petit ouvrage est une merveilleuse introduction aux connaissances, sans cesse en évolution, sur le cerveau et ses mystères.

Israel Rosenfield

Professeur de neurosciences
à l'Université de la ville de New York (CUNY)

Le cerveau est l'organe le plus **complexe** du corps humain. Malgré les grandes avancées des neurosciences — les « sciences du cerveau » —, l'ensemble de son fonctionnement demeure en partie **mystérieux**.

Scanner hypothétique du cerveau d'Homer Simpson, le célèbre personnage du dessin animé américain *Les Simpson*
Contrairement à une idée reçue, le cerveau d'un individu particulièrement stupide, tel que Homer, n'est pas plus petit qu'un autre...

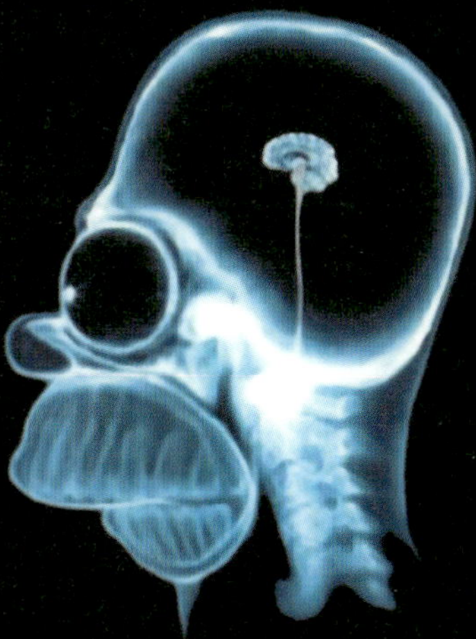

Pourtant, les trépanations des hommes préhistoriques et des Égyptiens témoignent de ce que la médecine a toujours localisé dans le crâne l'origine de certains maux. La **trépanation** est même la forme la plus ancienne de chirurgie dont il existe des preuves concrètes.

Crâne d'une jeune fille trépanée avec un silex (3 500 av. J.-C.)
Malgré le fort diamètre du trou, la cicatrisation du crâne permet de savoir que la jeune malade a survécu.

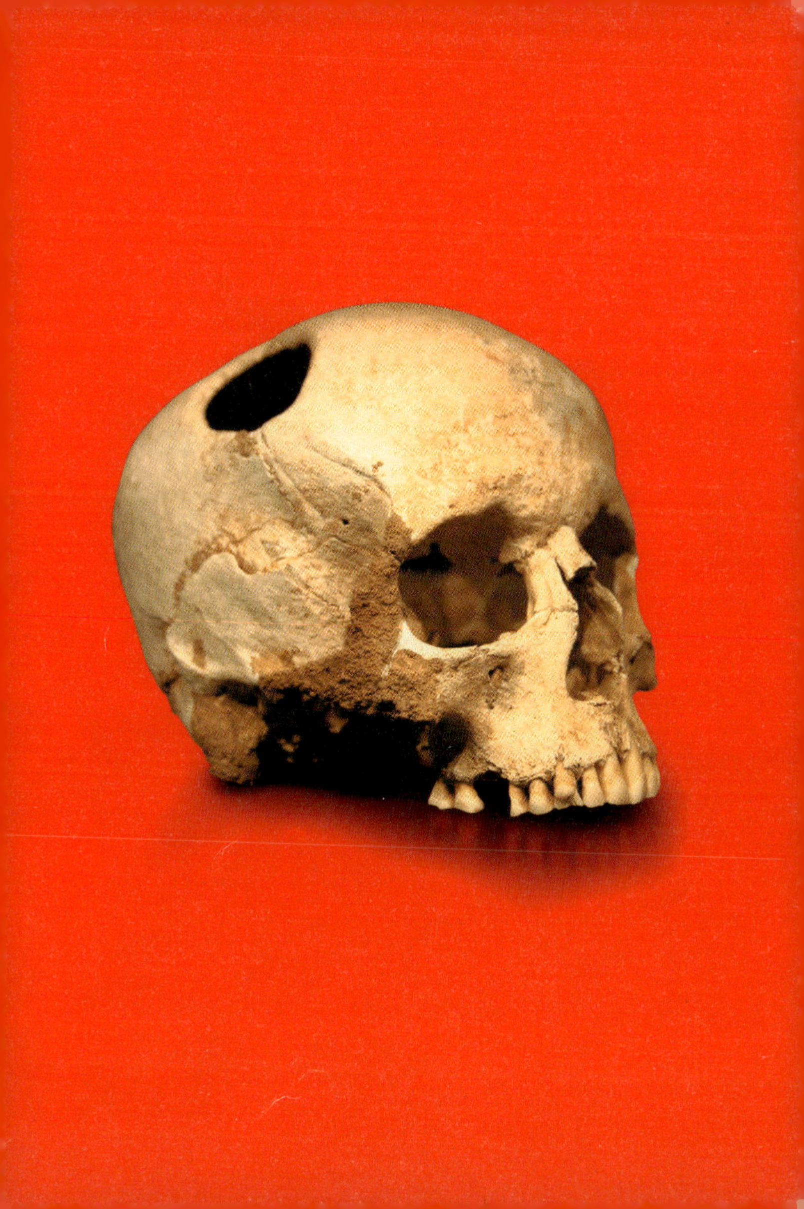

Dès l'Égypte ancienne, on voit le **cerveau** comme une grosse noix spongieuse enveloppée d'une peau plissée… Mais, soumis à un examen superficiel, le cerveau semble **inerte**, tandis que le cœur bat constamment, que son arrêt provoque la mort et qu'enfin il change de rythme en fonction de nos émotions.

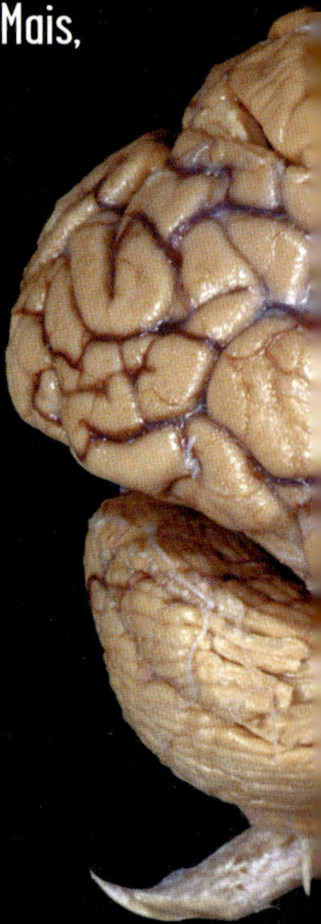

Vue latérale d'un cerveau humain
Notre cerveau est constitué d'un tissu mou et d'une texture gélatineuse blanche.

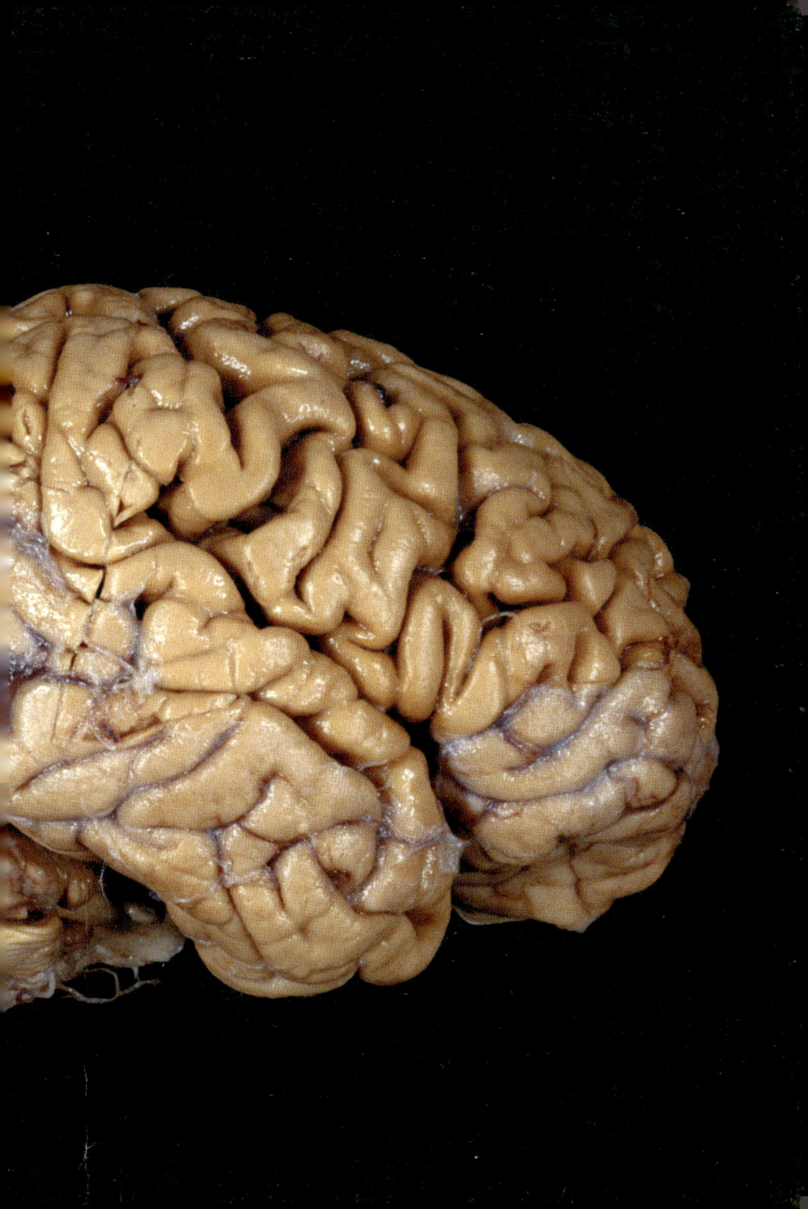

Si bien que, durant de nombreux millénaires, et notamment pendant l'Antiquité grecque, on croit communément que l'activité mentale a son siège dans le **cœur**.
Aristote défendait ce point de vue contre Hippocrate, par exemple, pour qui pensées, sentiments et émotions étaient gouvernés par le cerveau.

Aristote (384-322 av. J.-C.)
Ce célèbre philosophe grec place le siège de l'activité mentale dans le cœur. Selon lui, le cerveau sert uniquement à assurer la circulation du sang. Certaines expressions françaises seraient d'ailleurs issues de cette croyance aristotélicienne : « Tu me brises le cœur », « Avoir un cœur de pierre » ou encore « Apprendre par cœur »...

Au IVe siècle, à Alexandrie, la première école d'anatomie humaine procède à des dissections de cadavres humains. Les premiers enseignants en médecine en sont Hérophile de Chalcédoine et **Érasistrate** de Céos. Ils découvrent que chaque région du corps est connectée à la moelle épinière grâce à des **nerfs** distincts, dont on peut tracer le parcours.

Érasistrate comprend pourquoi Antiochus est malade
Érasistrate (vers 310-250 av. J.-C.) créa avec Hérophile (vers 320-260 av. J.-C.) la grande école médicale d'Alexandrie. Le tableau raconte une anecdote célèbre : Érasistrate fut appelé au chevet d'Antiochus, gravement malade, par le père de ce dernier, le roi syrien Séleucos Ier Nicator. Après avoir observé que le pouls du malade s'accélérait et que son visage rougissait lorsque Stratonice, l'épouse du roi, entrait dans la pièce, il aurait déduit que le malade souffrait en fait d'un amour impossible pour sa belle-mère.

Érasistrate étudie l'intérieur de la boîte crânienne, l'encéphale. Il est le premier à s'intéresser aux **circonvolutions** cérébrales. Il identifie déjà le cerveau comme étant le centre de fonctionnement du système nerveux et la source de l'intelligence. Il pense également que l' **âme** réside dans le cervelet, une excroissance située sous l'arrière du cerveau proprement dit.

Scanner d'un cerveau humain
On peut facilement voir, grâce au scanner, les multiples sillons – ou plissements – qui parcourent le cerveau. Ils servent de frontières aux différents lobes cérébraux.

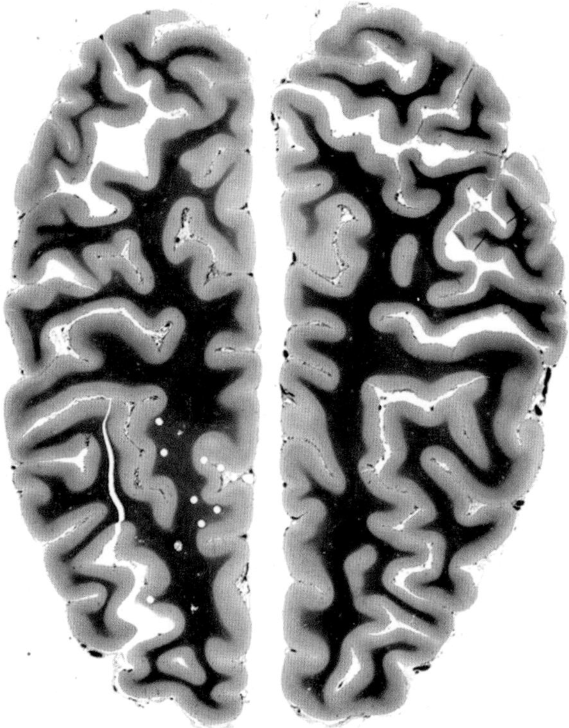

Pour de nombreuses peuplades, manger la cervelle de son ennemi revenait à lui prendre ses forces, mais, surtout, à s'approprier son **âme** et son esprit.

Tête réduite réalisée par la tribu péruvienne des Shuars (environ 10 cm)
Ce peuple amérindien, également appelé « Jivaros » par les premiers envahisseurs espagnols, pratiquait la réduction de têtes. Ce rituel chamanique, datant de plusieurs milliers d'années, consistait à rapetisser la tête d'un ennemi après l'avoir tué par vengeance ou par justice. L'adversaire était décapité, puis sa tête, devenue trophée, était transformée au cours d'un rituel long et complexe destiné à incorporer la force de l'âme de l'ennemi. De plus, la tribu obtenait également une protection contre la vengeance du camp adverse, puisque le « muisak », l'esprit vengeur, était emprisonné à l'intérieur. Cette tête (ou « tsantza ») était ensuite conservée par le guerrier et exposée lors des fêtes.

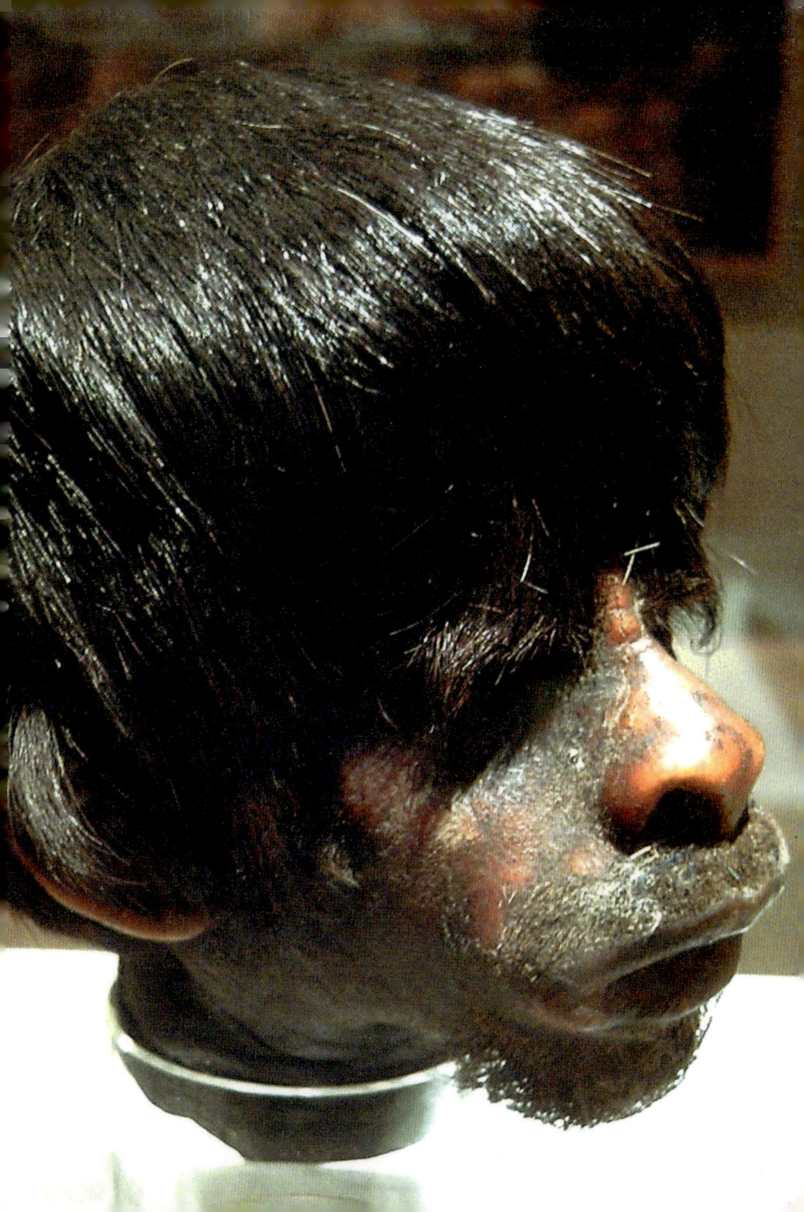

Au IIe siècle, à Rome, **Galien**, disséquant des singes, cherche à établir des parallèles de ses observations avec le cerveau humain. Il démontre que tous les muscles du corps sont connectés au cerveau par un réseau de **nerfs**, mais pense que ces derniers activent les muscles **mécaniquement**.

Claude Galien (vers 129-216), représenté sur une lithographie de Pierre Roche Vigneron (vers 1885)
Considéré comme l'un des fondateurs de la pharmacie, ce médecin grec, qui exerça à Pergame puis à Rome, participa à l'élaboration de la médecine occidentale. Ses nombreux ouvrages constituèrent longtemps la base des connaissances médicales. En effet, au Moyen Âge, ses écrits influencèrent fortement les médecines chrétienne, juive et – grâce à la traduction de son œuvre en arabe – musulmane.

CLAUDE GALIEN.

L'erreur de Galien s'explique notamment par le fait que l'étude du cerveau humain est longtemps limitée par **l'interdit** religieux de la dissection des corps et par le manque d'outils d'observation… À la Renaissance, **Léonard de Vinci** dessine le cerveau, crâne ouvert, et fait figurer les nerfs crâniens.

Dessin anatomique de Léonard de Vinci (1452-1519), vers 1510
Au début du XVIe siècle, le peintre et inventeur le plus connu de la Renaissance, Léonard de Vinci, explore l'anatomie humaine, et en particulier celle du cerveau. Il s'intéresse par exemple aux interactions qui ont lieu entre ce dernier et l'œil. En outre, il réalise des moulages en cire du cerveau humain, pratique exceptionnelle à une époque où la dissection des cadavres humains est encore interdite.

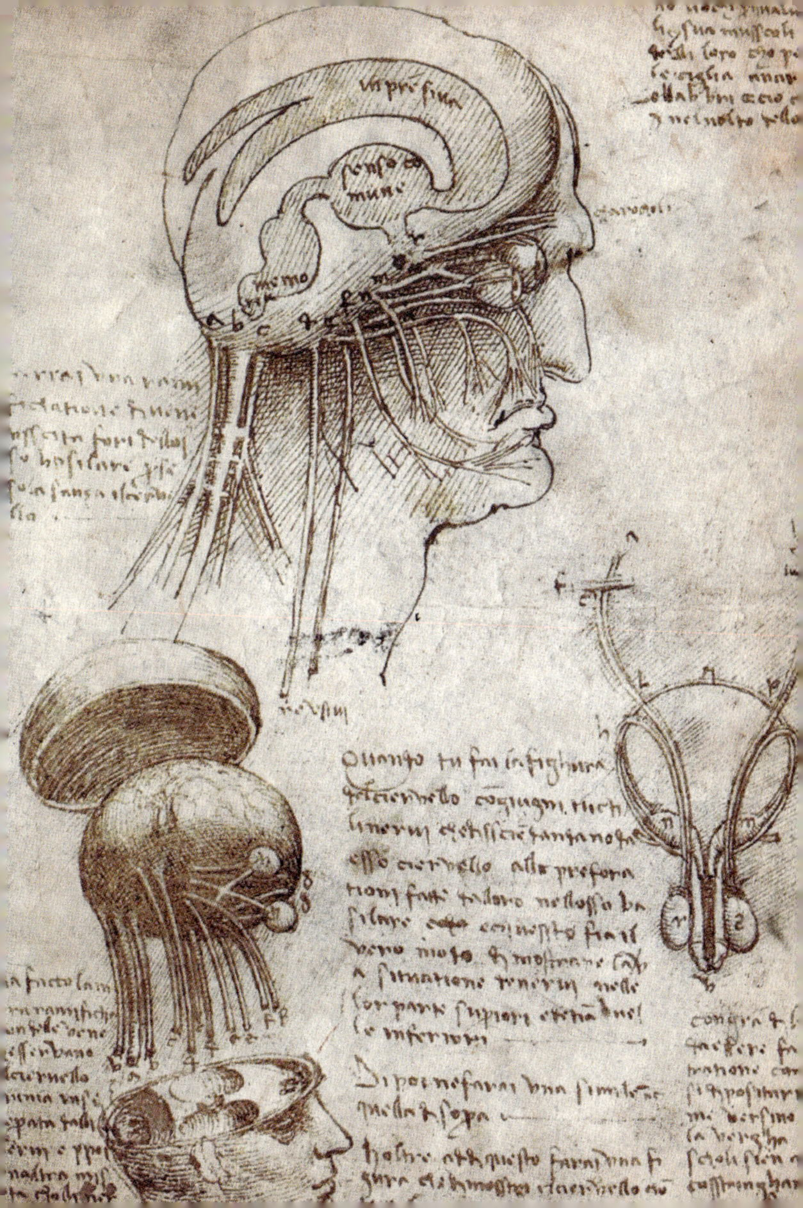

imprensiva
senso comune
memoria
nervi
Quanto tu fai la figura
del cervello
Di poi ne farai una simile

Mais les connaissances scientifiques ne permettent pas encore d'expliquer le fonctionnement des nerfs. Si bien que l'erreur de Galien, sur la nature mécanique de l'influx nerveux, perdure jusqu'à **Descartes**, qui explique encore ainsi le **réflexe** du pied se retirant d'une flamme.

Illustration de René Descartes (1596-1650) extraite du *Traité de l'homme* (1664)
Selon Descartes, les nerfs sont des tuyaux contenant de petits fils favorisant la circulation des « esprits animaux ». Ceux-ci régissent l'activité de l'organisme (respiration, sommeil...) et permettent le mouvement du corps. En outre, les fils, tirés par nos différents organes, sont les moyens de transmission de la sensibilité vers le cerveau.
Les esprits animaux partent alors de ce dernier, se propagent dans un tuyau et, sur l'image, viennent gonfler les muscles de la cuisse. Ainsi, le mouvement se fait, et le pied se retire du feu.

F
d
e
B

Descartes ne croit pas que la pensée complexe, notamment le langage, puisse être uniquement expliquée par le cerveau matériel de l'homme. Il est convaincu que les plus hautes fonctions cognitives sont effectuées par une **« chose pensante »** non physique [*res cogitans*] distincte. Mais il place le contact entre l'âme et le corps dans le cerveau.

***Portrait du philosophe René Descartes*, tableau de Frans Hals (1649)**
Ce philosophe, mathématicien et physicien considère que l'âme est une substance distincte du corps. Mais il reconnaît tout de même une certaine union entre eux. C'est ce que l'on appelle le « dualisme cartésien ».

Il faut attendre des anatomistes comme **André Vésale**, au XVIe siècle, pour que l'on puisse de nouveau **disséquer** des corps et étudier le cerveau. Vésale démontre ainsi que Galien a commis de nombreuses erreurs en pensant que les résultats de la dissection de singes pouvaient s'appliquer à l'homme.

Couverture de *De Humani corporis fabrica Libri septem* (*À propos de la structure du corps humain en sept livres*), livre d'anatomie humaine écrit par l'anatomiste belge André Vésale
Ce livre, fondateur de l'anatomie moderne, est l'un des plus grands ouvrages scientifiques jamais réalisés. Médecin et anatomiste de l'Empire autrichien, André Vésale (1514-1564) avait l'autorisation de pratiquer des dissections, car il étudiait des cadavres de meurtriers (seule exception à l'interdiction). En 1543, il réalise une dissection publique du corps d'un meurtrier célèbre à Bâle, en Suisse. Il décide ensuite de faire don de son squelette à l'université de la ville. Celui-ci est toujours exposé au musée anatomique de cette université.

ANDREAE VESALII
BRVXELLENSIS, SCHOLAE
medicorum Patauinæ professoris, de
Humani corporis fabrica
Libri septem.
CVM CAESAREAE
Maiest. Galliarum Regis, ac Senatus Veneti gratia & priuilegio, ut in diplomatis eorundem continetur.

Quelques années après la mort de Vésale, à la fin du XVIe siècle, le **microscope optique** est inventé, et l'exploration anatomique du cerveau progresse. On commence à pouvoir observer les cellules des tissus cérébraux. Le microscope deviendra pleinement fonctionnel moins d'un siècle plus tard.

Microscope optique datant de 1751
Cet instrument scientifique est composé d'un oculaire et d'un objectif. Les premiers microscopes apparaissent au début du XVIIe siècle : ils permettent d'obtenir des images grossies jusqu'à 300 fois et de voir des objets de la taille d'un micromètre (0,001 mm, soit 1/35e de la largeur d'un cheveu). C'est alors suffisant pour observer le tissu nerveux.

Au XVIIIe siècle, un grand pas est franchi grâce aux recherches de Luigi **Galvani**. Ce médecin et physicien italien démontre qu'une décharge d'électricité statique appliquée sur le nerf d'une **grenouille** morte provoque la contraction de sa patte. On découvre ainsi que l'influx nerveux est de nature **électrique**.

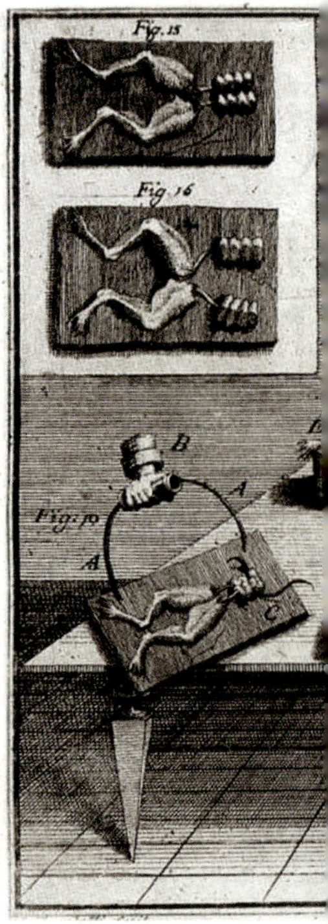

Dessin d'une expérience de Luigi Galvani (1737-1798)
Galvani a mis en évidence le lien qui existe entre l'électricité et le système nerveux grâce à des expériences effectuées sur des grenouilles. En effet, en stimulant électriquement le nerf sciatique de l'animal, il obtient une contraction du muscle relié à ce nerf. Mais il lui faudra du temps, ainsi qu'une controverse avec le physicien Alessandro Volta (inventeur de la première pile électrique), pour admettre que les nerfs ne sont pas les producteurs de l'électricité qui circule dans le corps, mais simplement les transmetteurs.

Cette activité **électrique** permet au cerveau de transmettre et de recevoir des messages sensitifs, par le biais des nerfs.

Cependant, les connaissances anatomiques de l'époque ne permettent pas encore d'expliquer le **fonctionnement** des cellules qui constituent les nerfs, et les microscopes ne sont pas assez puissants pour explorer le tissu nerveux.

Exemple d'un trajet de l'influx nerveux dans le corps humain

L'influx nerveux est une activité électrique inhérente aux nerfs. Lorsqu'il y a stimulation du corps, l'un de nos récepteurs sensoriels produit un influx nerveux. Celui-ci se dirige alors vers la moelle épinière, puis vers le cerveau grâce à un nerf afférent. Notre organe cérébral commande ensuite une réponse musculaire ou émotionnelle appropriée. De même, pour accomplir une action, le cerveau engendre un influx nerveux qui rejoint l'organe concerné.

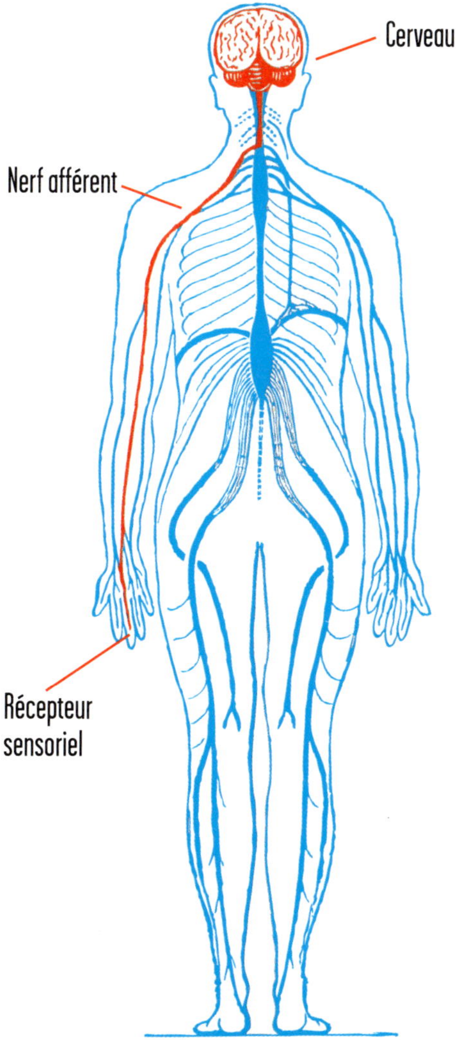
Cerveau
Nerf afférent
Récepteur sensoriel

Le tissu nerveux apparaît à l'observation comme une toile indifférenciée dans laquelle les cellules nerveuses sont difficiles à observer.

À la fin des années 1880, un scientifique espagnol, **Ramón y Cajal**, va faire une découverte décisive en utilisant une nouvelle technique de coloration, mise au point par l'Italien **Camillo Golgi**.

Santiago Ramón y Cajal (1852-1934)
Ce neuroscientifique est à l'origine de la théorie neuronale. En effet, à la fin du XIXe siècle, Cajal affine la technique de coloration du médecin Camillo Golgi et démontre que les neurones sont des cellules séparées par des zones de contact – les futures « synapses » – et non un ensemble de fibres continues. En 1906, Ramón y Cajal et Golgi obtiennent le prix Nobel de physiologie pour l'ensemble de leurs travaux.

Ramón y Cajal met en évidence des entités cellulaires séparées par de fins espaces, et non les fibres d'un réseau ininterrompu. Il observe ces cellules et leurs prolongements et en produit des dessins de grande qualité. Ces cellules nerveuses, électriquement excitables, sont nommées

neurones.

Dessin de Santiago Ramón y Cajal représentant les neurones cérébraux d'un pigeon (1899)
Lorsqu'il observe une coupe de tissu nerveux au microscope, Ramón y Cajal ne colore qu'un neurone. Cette technique lui permet alors de le séparer des autres visuellement, puisque la coloration se propage jusque dans les prolongements de la cellule nerveuse.

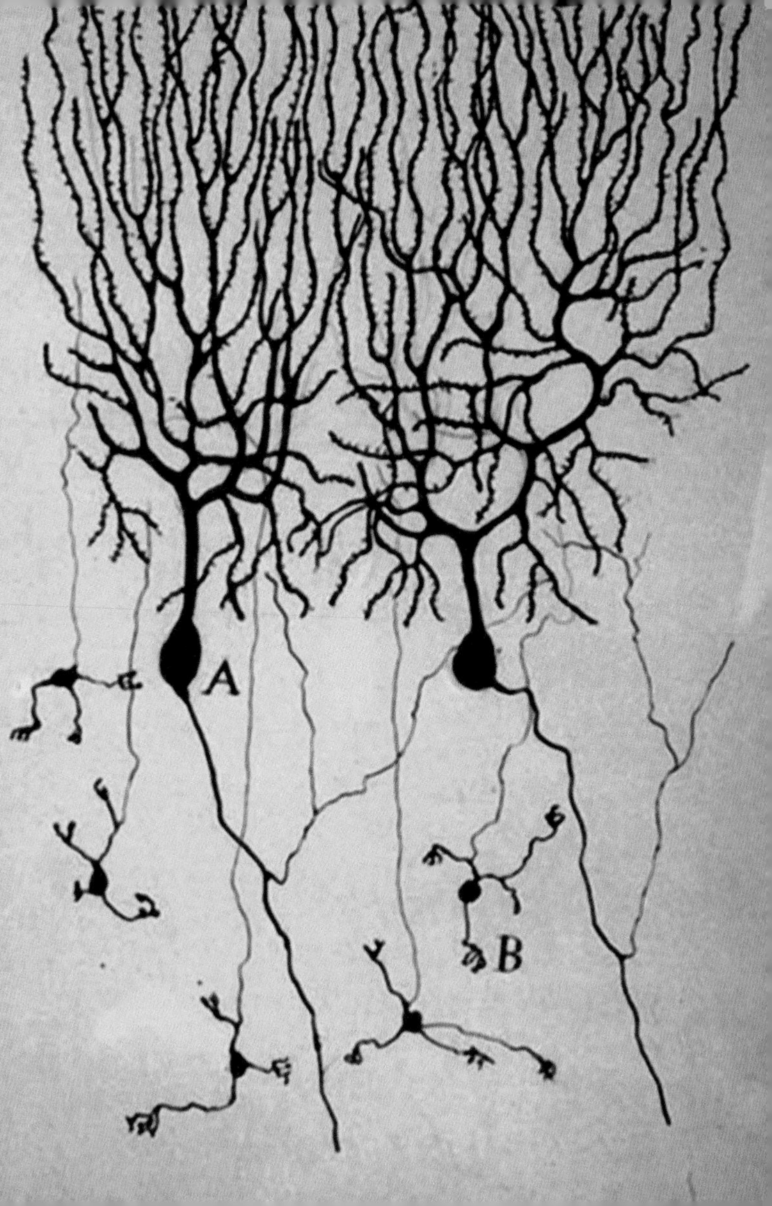
A
B

La **théorie du neurone**, formulée en 1881 par l'Allemand **Waldeyer** d'après les travaux de Ramón y Cajal, est aujourd'hui encore un principe central des neurosciences modernes.
Elle énonce que les neurones sont les **unités** structurelles et fonctionnelles de base du système nerveux.

Heinrich Wilhelm Waldeyer (1836-1921), photographié en 1891
Cet anatomiste allemand continua les recherches de Ramón y Cajal sur les cellules nerveuses cérébrales. C'est le premier à leur avoir donné le nom de « neurones ». Ce terme est introduit dans le vocabulaire médical en 1881.

Parallèlement à ces études histologiques (études des tissus nerveux) sont menées des analyses **fonctionnelles**. À l'époque, la seule méthode est l'étude des conséquences d'une **lésion** du cortex cérébral (la substance grise périphérique des hémisphères cérébraux).

Phineas Gage (1823-1860), photographié quelques années après son accident
En 1848, Phineas Gage, employé des chemins de fer américains, est victime d'un accident spectaculaire : une barre de métal lui perfore le crâne – et donc le cerveau – de part en part, mais Gage survit. Néanmoins, il souffre d'un grave traumatisme crânien qui lui laissera d'importantes séquelles.

Au XIXe siècle, le cas de **Phineas Gage**, dont la personnalité est totalement modifiée après de graves blessures au cerveau, apporte une contribution importante aux débuts de la neurologie. On énonce l'hypothèse que des lésions cérébrales peuvent provoquer des troubles psychopathologiques. Mais l'essor de la **phrénologie** va empêcher le cas de Gage d'être étudié à fond.

Dessin du crâne de Phineas Gage transpercé par une barre de métal (1868)
Suite à cet accident, Gage devient incapable de prendre des décisions logiques. Il faudra attendre les années 1990 et l'étude de ce cas par Antonio Damasio, un professeur de neurologie américain, pour comprendre l'intervention des émotions dans notre prise de décision. En effet, celui-ci découvre que des lésions au niveau du cortex préfrontal ventromédian – une zone cérébrale associée aux émotions – empêchaient Gage de prendre des décisions.

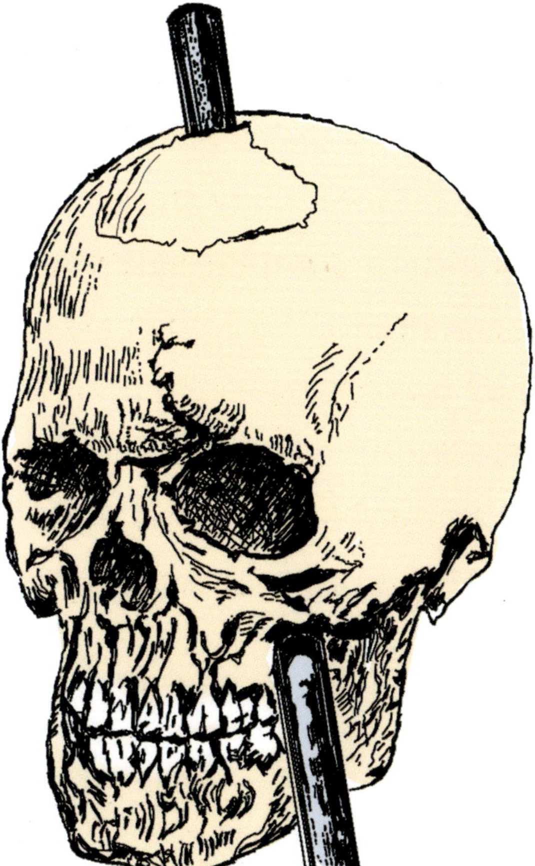

Car, à la même époque, le physiologiste Franz Joseph Gall pense déceler les facultés et penchants des hommes par la palpation des reliefs du crâne : la **phrénologie** postule que les bosses du crâne d'un être humain reflètent son caractère.
Quoique fantaisiste, la phrénologie ouvre grand la voie aux travaux portant sur les liens entre **aires** du cerveau et facultés mentales.

Crâne humain annoté selon le système de Franz Joseph Gall (1758-1828)
Au début du XIXe siècle, ce médecin allemand émet l'hypothèse que le cerveau est divisé en plusieurs zones. C'est la naissance de la phrénologie : chacune de ces aires cérébrales serait liée à une capacité mentale spécifique. En outre, les déformations de la surface du crâne seraient dues à la pression de zones trop développées. On peut d'ailleurs voir sur ce crâne plusieurs exemples de ces aires : « besoin inné d'être bon », « perception des lois de l'harmonie » ou encore « tendance à la foi »...

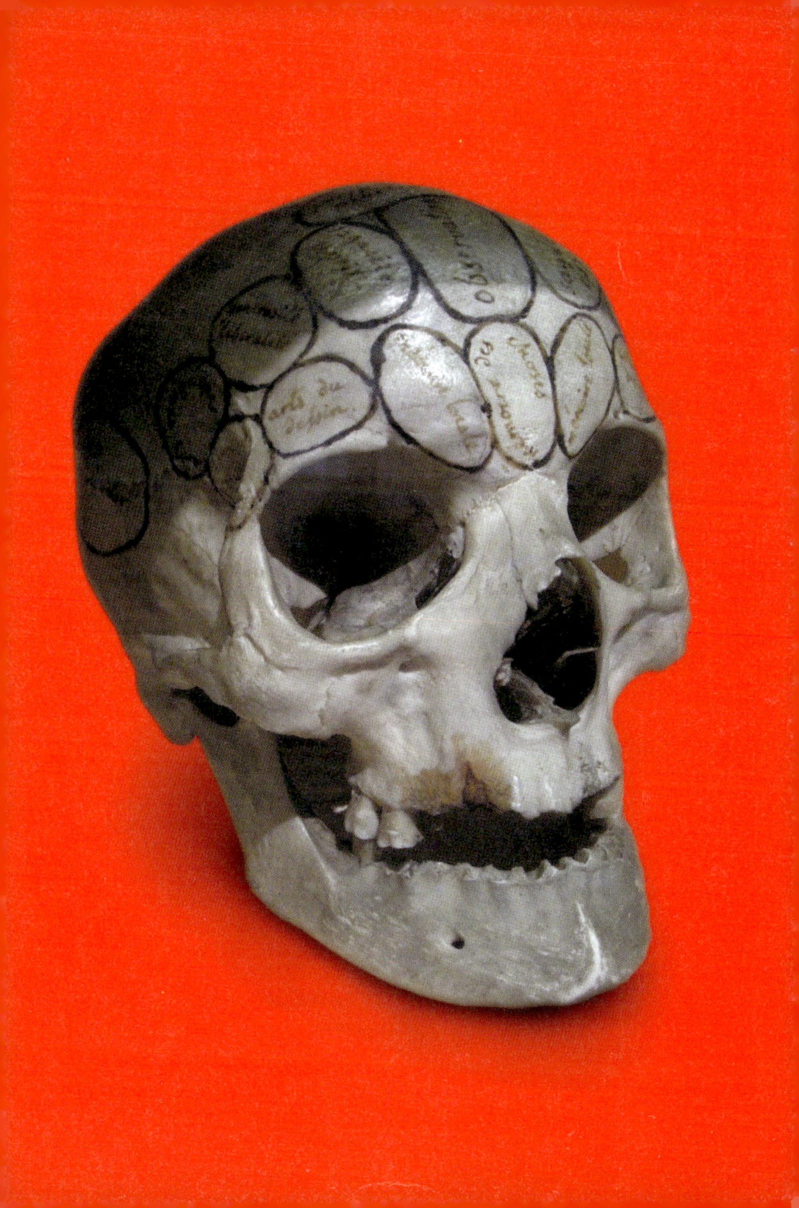
arts du dessin

En 1861, en procédant à l'autopsie d'un patient aphasique (privé de la parole), le chirurgien français **Paul Broca** localise l'aire de la production du langage dans le cerveau.
C'est une **révolution** : pour la première fois est démontré le lien entre une lésion au cerveau et un déficit cognitif.

Vue latérale du cerveau de Leborgne, le patient aphasique de Paul Broca (1824-1880)
On peut voir de manière précise la lésion du cerveau de Leborgne. Celui-ci était surnommé « Tan » parce c'était là le seul son qu'il parvînt à articuler. En étudiant son cerveau, Broca se rendit compte qu'il souffrait d'une lésion du lobe frontal gauche et en déduisit que cette zone était le centre de la parole. Elle est aujourd'hui appelée « aire de Broca ».

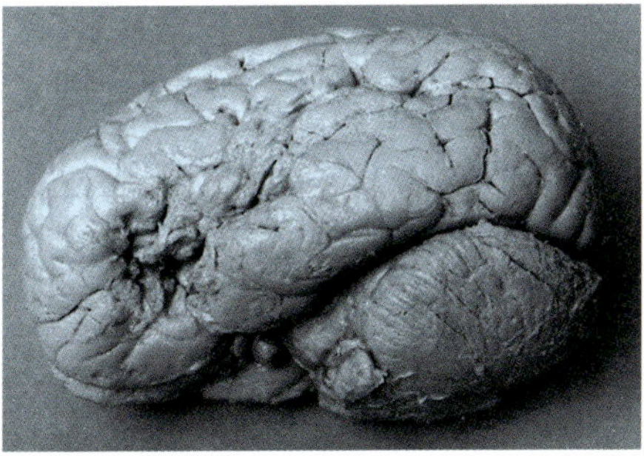

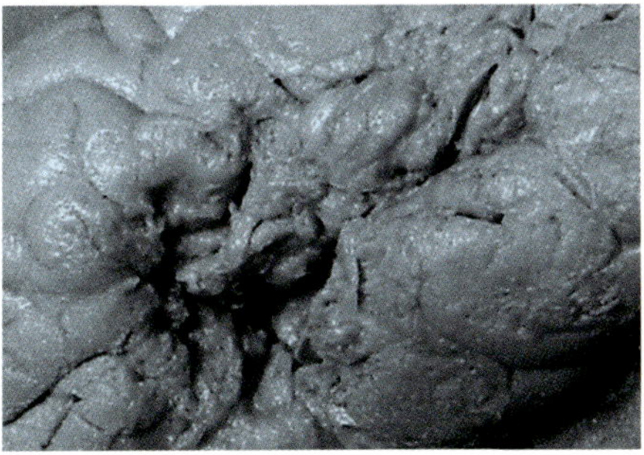

Dix ans plus tard, Carl **Wernicke**,
un neurologue allemand, met en évidence une autre région, impliquée, celle-là, dans la **compréhension du langage**.
Les patients atteints d'une lésion à cet endroit peuvent parler, mais leur discours est souvent incohérent et dénué de sens.

Aires de Broca et de Wernicke,
hémisphère gauche du cerveau.

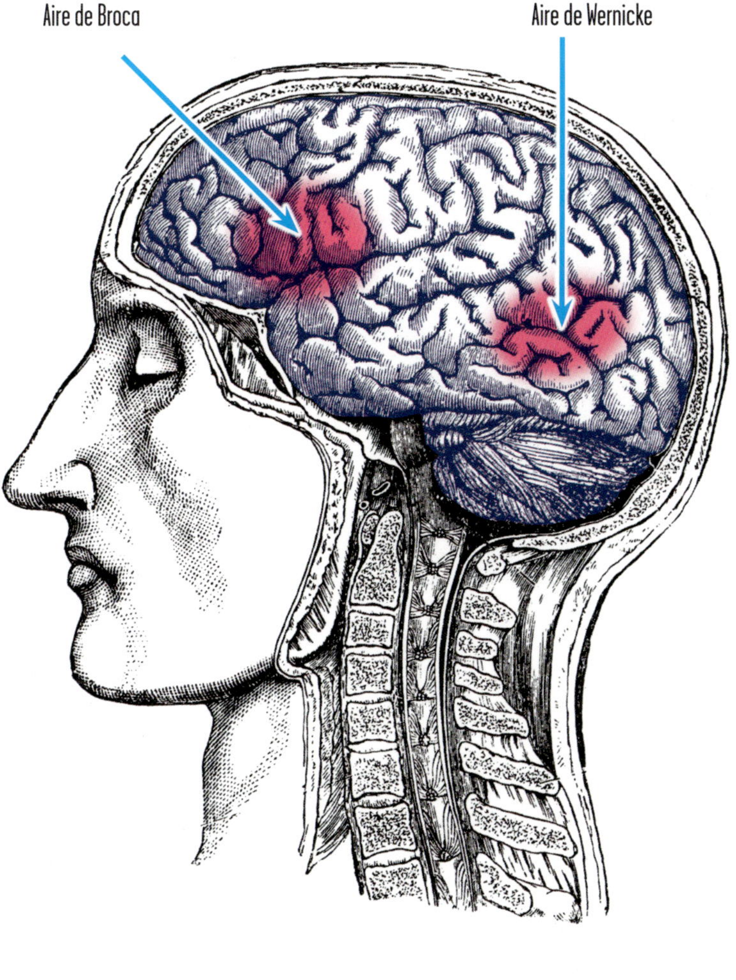
Aire de Broca
Aire de Wernicke

Ces recherches donnent aussi lieu à des thèses plus fantaisistes : au début du XXe siècle, Duncan MacDougall, un médecin américain, cherche à mesurer précisément la masse supposément perdue par le corps humain au moment de la mort, en l'assimilant au **poids de l'âme**. Cette théorie des « 21 grammes » connaît un succès prolongé.

Compte-rendu des recherches de Duncan MacDougall (1866-1920) paru dans le *New York Times* (11 mars 1907)

En 1907, Duncan MacDougall pèse six individus à deux reprises : alors qu'ils sont sur le point de mourir et juste après leur mort. Il se rend alors compte que leur poids a légèrement diminué. Il renouvelle cette expérience avec des chiens, mais ne perçoit, cette fois-ci, aucun changement. Il en déduit que l'âme humaine pèse 21 grammes et qu'elle s'échappe du corps au moment de la mort. Cette théorie du poids de l'âme a rapidement été discréditée, mais elle inspira quelques œuvres artistiques, dont le film américain *21 grammes,* en 2003.

SOUL HAS WEIGHT, PHYSICIAN THINKS

Dr. Macdougall of Haverhill Tells of Experiments at Death.

LOSS TO BODY RECORDED

Scales Showed an Ounce Gone in One Case, He Says—Four Other Doctors Present.

Special to The New York Times.

BOSTON, March 10.—That the human soul has a definite weight, which can be determined when it passes from the body, is the belief of Dr. Duncan Macdougall, a reputable physician of Haverhill. He is at the head of a Research Society which for six years has been experimenting in this field. With him, he says, have been associated four other physicians.

Peu à peu, à la suite de Broca et Wernicke, on met au jour des **« aires fonctionnelles »**, en précisant les liens entre zones du cerveau et fonctions du corps.
La plupart des scientifiques estiment alors que les **maladies de l'esprit** sont forcément dues à des lésions cérébrales.

Dessin schématique des différents lobes du cerveau humain tiré du livre *Henry Gray's Anatomy of the Human Body*
Considéré comme un classique de l'anatomie humaine, ce livre a été écrit par un chirurgien anglais, Henry Gray (1825-1861).

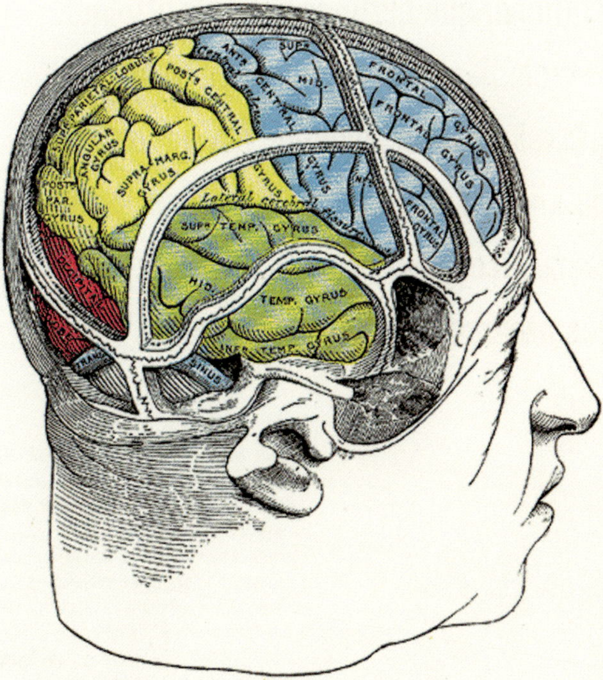
SUPR PARIETAL LOBULE
POSTR CENTRAL
ANTR CENTRAL
Central sulcus
SUPR
MID.
FRONTAL
FRONTAL
GYRUS
GYRUS
ANGULAR GYRUS
SUPRA MARG. GYRUS
POSTR PAR. GYRUS
GYRUS
GYRUS
Lateral cerebral fissure
FRONTAL GYRUS
SUPR TEMP. GYRUS
OCCIPITAL
MID.
TEMP. GYRUS
INFR TEMP. GYRUS
SINUS

En 1795, **Philippe Pinel** avait été le premier à affirmer que certains patients atteints de maladies mentales peuvent guérir grâce à un traitement non physique, mais **« moral »**. Il ouvrait ainsi la voie à ses successeurs et à la découverte des **psychothérapies** modernes.

Pinel, médecin en chef de la Salpêtrière, délivrant les aliénés de leurs chaînes en 1795,
tableau de Tony Robert-Fleury (XIXe siècle)
Jusqu'à la fin du XVIIIe siècle, les malades mentaux sont traités comme des criminels ou des cobayes. Philippe Pinel, aliéniste français, est le premier à avoir mis en place une réelle politique d'humanisation à l'égard de ses « fous ». Il organise également la première classification des maladies mentales et l'actualisera durant toute sa carrière. C'est peu de temps après la Révolution française que les asiles d'aliénés sont créés. Cependant, les maladies de l'esprit étant forcément dues, selon les scientifiques de l'époque, à des lésions, il n'est pas encore question de maladies psychiques.

Au XIXe siècle, le Français Jean-Martin **Charcot** a recours à l'**hypnose** pour démontrer que les paralysies hystériques ne sont pas dues à une lésion organique. Il prouve ainsi que certaines maladies mentales ne sont liées à aucun dommage cérébral.

***Une leçon clinique à la Salpêtrière*, tableau d'André Brouillet (1887)**
Le neurologue et professeur d'anatomie pathologique Jean-Martin Charcot (1825-1893) examine devant ses élèves sa patiente la plus connue, Blanche Wittmann (1859-1913), en pleine crise d'hystérie. Charcot est l'un des fondateurs de la neurologie, mais il est également célèbre pour avoir été le premier à diagnostiquer la sclérose en plaques, en 1868.

L'**hypnose** conduit à une modification de l'état de conscience qui s'apparente beaucoup au sommeil.
Si Charcot ne l'utilisa jamais dans un cadre formellement thérapeutique, l'un de ses élèves, **Sigmund Freud**, la pratique beaucoup au début de sa carrière (autour de 1890), avant d'inventer une technique de thérapie, la cure psychanalytique.

Sigmund Freud (1856-1939) dans les années 1900
En 1889, Freud abandonne l'hypnose et se tourne vers la cure par la parole. Son hypothèse est qu'un rêve, un acte manqué, un lapsus, un symptôme, voire un acte ne surviennent jamais par hasard et traduisent toujours – parfois symboliquement – un conflit psychique inconscient. Freud est le premier à étudier de manière scientifique le concept de rêve : selon lui, analyser les rêves permettrait de mieux appréhender les névroses. En effet, les songes révèlent au patient son passé refoulé, cette source d'informations nouvelles lui permettant d'évacuer ses troubles.

Au début des années 1920, le neurologue allemand Hans Berger invente l'**électro-encéphalographie**, une méthode d'exploration cérébrale qui mesure l'activité électrique du cerveau par des électrodes placées sur le cuir chevelu. On découvre que le cerveau se trouve, selon l'amplitude des ondes électriques qu'il émet, dans différents états : alpha, bêta...

Premier électroencéphalogramme (EEG) enregistré par Hans Berger (1873-1941) en 1929

L'électroencéphalogramme a pour but d'étudier les mécanismes de l'activité cérébrale : le langage, la conscience, la mémoire ou encore le rêve… L'amplitude du tracé obtenu renseigne sur l'activité cérébrale au cours du temps. Cette méthode ne s'est vraiment répandue dans la pratique médicale courante qu'à partir des années 1950.

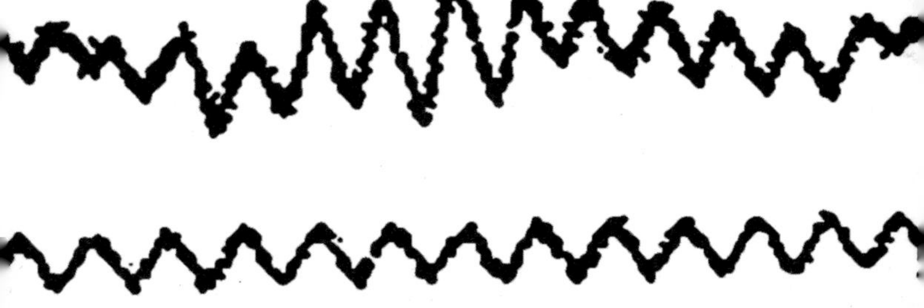

Grâce à l'**électroencéphalogramme**, on démontre que **l'épilepsie** n'est pas liée à une lésion cérébrale, comme on le pensait, mais à une manifestation de décharges électriques anormales des neurones dans certaines zones cérébrales.

Électroencéphalogramme traduisant une crise épileptique
L'épilepsie fut longtemps assimilée à une possession démoniaque : les malades étaient alors craints et rejetés. Aujourd'hui, on sait que les crises épileptiques se caractérisent par une perte de conscience, des convulsions, voire des hallucinations, mais qu'elles n'altèrent en rien les capacités intellectuelles des malades. Elles sont en fait causées par un dysfonctionnement des neurones provoquant une hyperactivité du cerveau.

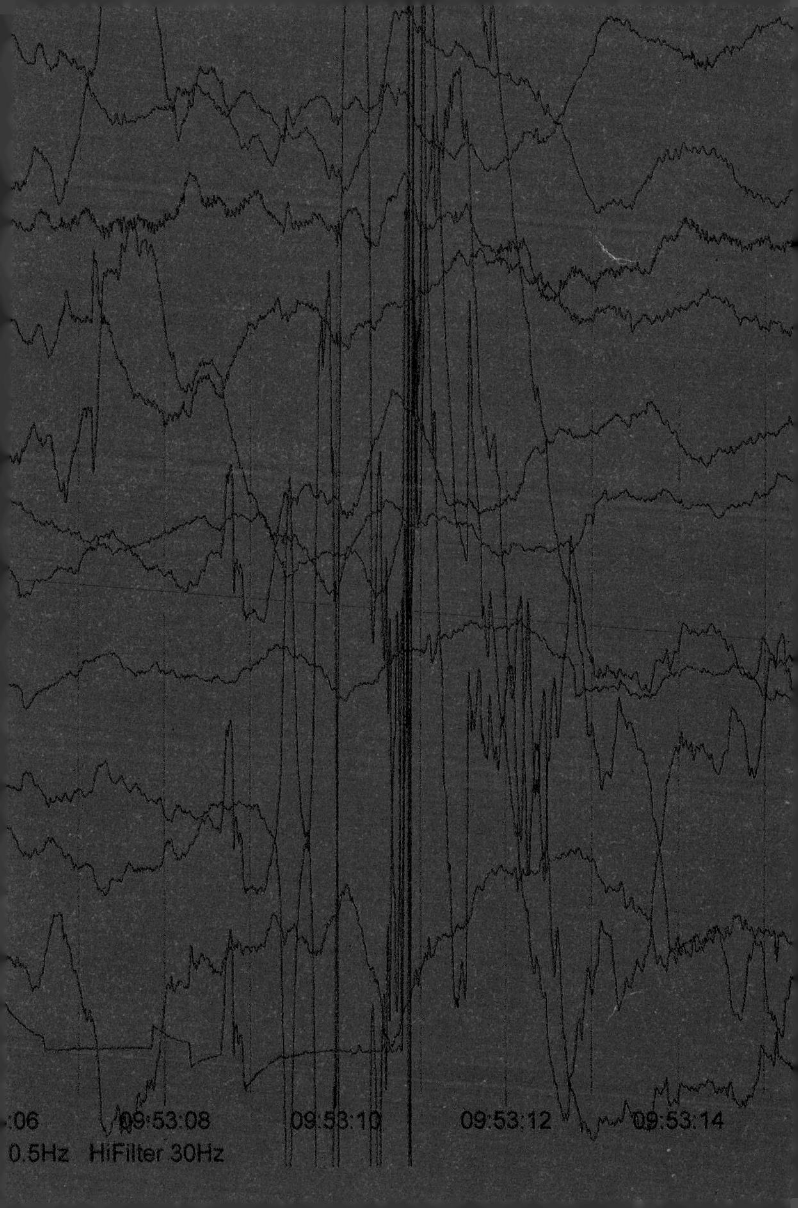
:06
09:53:08
09:53:10
09:53:12
09:53:14
0.5Hz HiFilter 30Hz

Pourtant, pour soigner l'épilepsie, mais aussi la schizophrénie ou encore les maux de tête chroniques, on pratiqua longtemps la **lobotomie**. Cette opération, qui consiste à sectionner un peu du lobe frontal du cerveau, est très pratiquée après la Seconde Guerre mondiale, notamment avec l'invention de la leucotomie frontale transorbitaire par l'Italien Mario Adamo Fiamberti, méthode reprise et adaptée par un médecin américain, **Walter Freeman**.

Dessin représentant une leucotomie transorbitaire
Au début des années 1950, Walter Freeman (1895-1972) traverse les États-Unis pour effectuer des leucotomies transorbitaires. Avec l'aide d'un pic à glace glissé entre le globe oculaire et la paupière supérieure, il perçait un trou dans la matière blanche du lobe frontal.

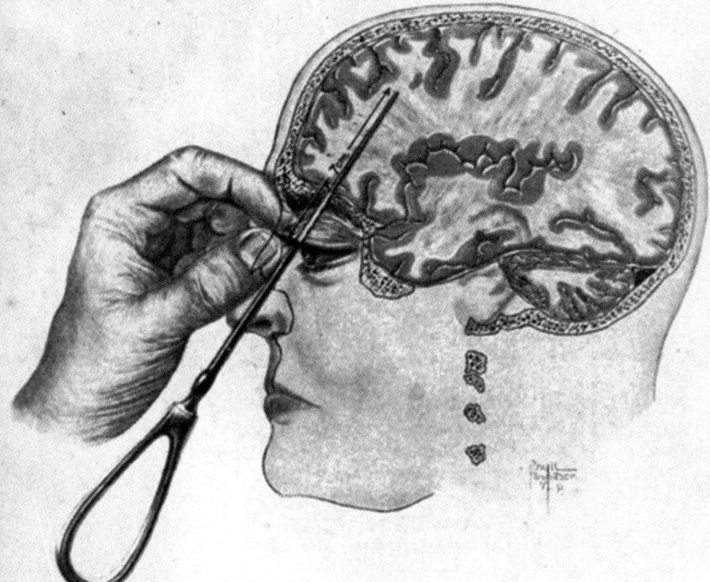

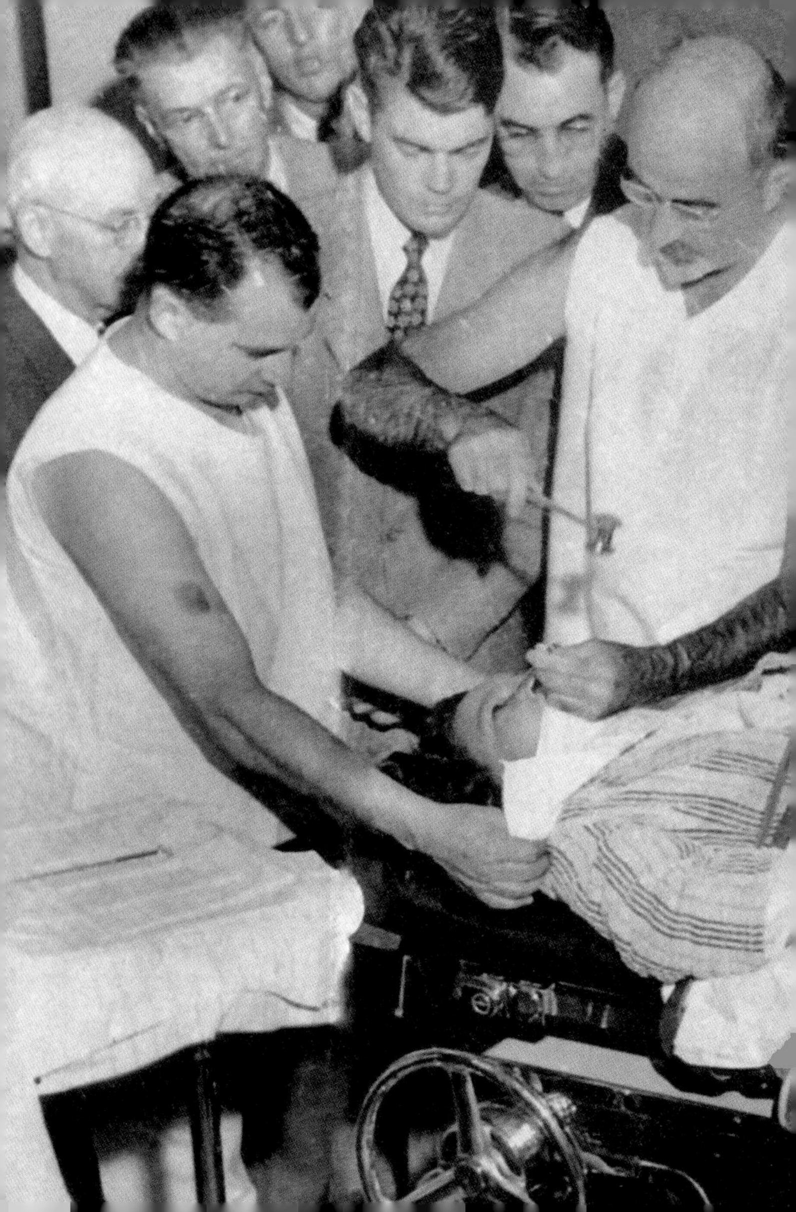

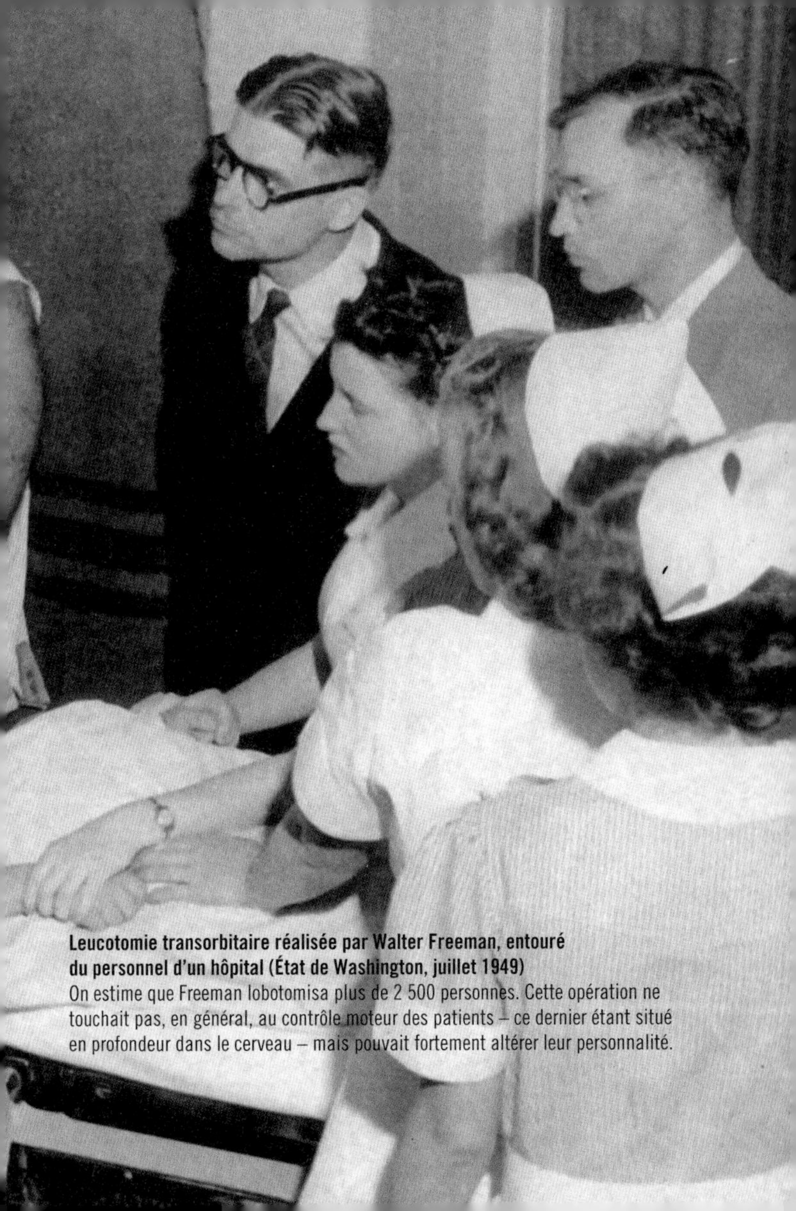

Leucotomie transorbitaire réalisée par Walter Freeman, entouré du personnel d'un hôpital (État de Washington, juillet 1949)
On estime que Freeman lobotomisa plus de 2 500 personnes. Cette opération ne touchait pas, en général, au contrôle moteur des patients – ce dernier étant situé en profondeur dans le cerveau – mais pouvait fortement altérer leur personnalité.

Cette pratique, à une époque où le traitement médical était insuffisant, a permis une meilleure connaissance du système nerveux, mais à un **coût humain** désastreux. Elle est désormais interdite dans de nombreux pays et n'est plus considérée comme pertinente du point de vue médical. On sait maintenant à quel point le cerveau est une « machine » **complexe**, où chaque pièce a son importance.

Affiche du film américain
***Vol au-dessus d'un nid de coucou* (1975)**
Ce film est inspiré d'un roman de Ken Kesey paru en 1962. Jack Nicholson y incarne un petit délinquant se faisant passer pour fou dans le but d'éviter la prison. Mais il ne sait pas qu'une fois entré dans un hôpital psychiatrique, il sera très difficile d'en sortir… Il finira par subir une lobotomie.

JACK NICHOLSON
ONE FLEW OVER
THE CUCKOO'S NEST

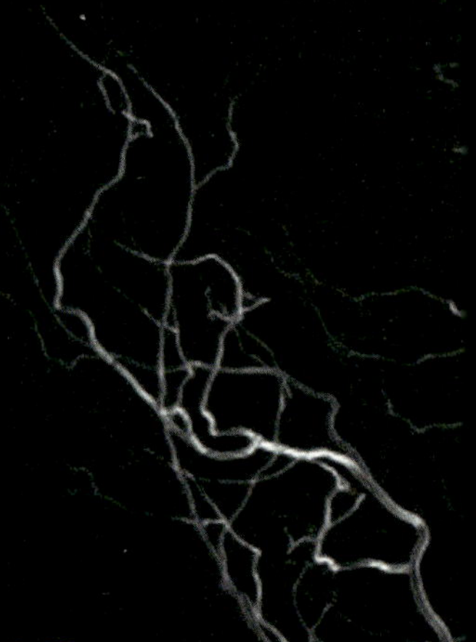

Aujourd'hui,

nous connaissons mieux
le fonctionnement du cerveau.

Grâce à ses 100 milliards de cellules nerveuses (autant qu'il y a d'étoiles dans notre galaxie !), nous pouvons penser, planifier, parler, imaginer, lire ce livre… et avoir conscience de tout cela !

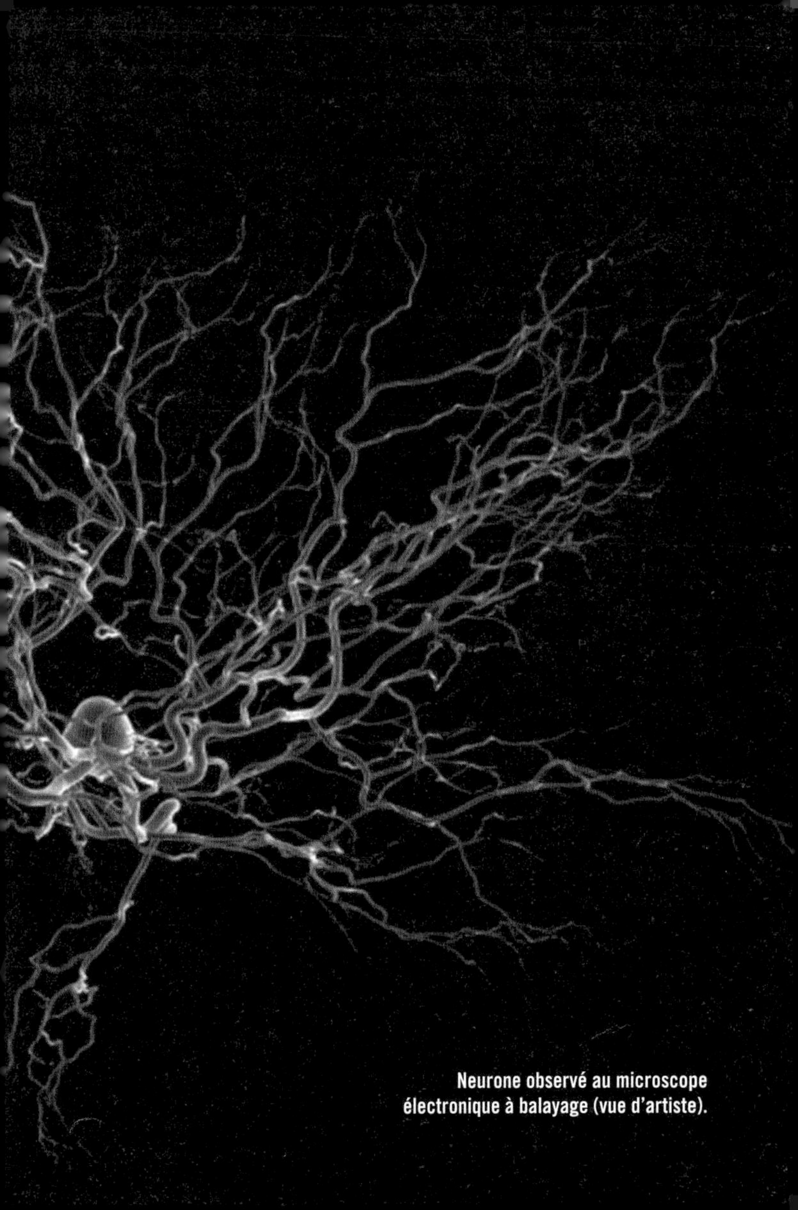

Neurone observé au microscope
électronique à balayage (vue d'artiste).

La principale fonction du cerveau est de contrôler les actions de notre organisme à partir des informations qui lui parviennent. Il occupe le rôle de **tour de contrôle** dans la création de réponses à l'environnement. Il y parvient grâce au vaste réseau de nerfs disséminé partout dans l'organisme : le **système nerveux**.

Le Penseur **d'Auguste Rodin (vers 1902)**
Le cerveau représente 2 % de la masse du corps humain, mais il mobilise environ 20 % de la circulation sanguine. C'est le signe d'une activité cérébrale continue, intense et essentielle.

Le **système nerveux central**, ou névraxe, est constitué du cerveau et de son prolongement naturel, la moelle épinière, située au centre de notre colonne vertébrale. Ce système en réseau nous permet d'intégrer et d'analyser les **informations** qui proviennent du monde extérieur.

Le système nerveux central
Le système nerveux central (ou névraxe) est la partie du système nerveux située dans la boite crânienne et la colonne vertébrale.

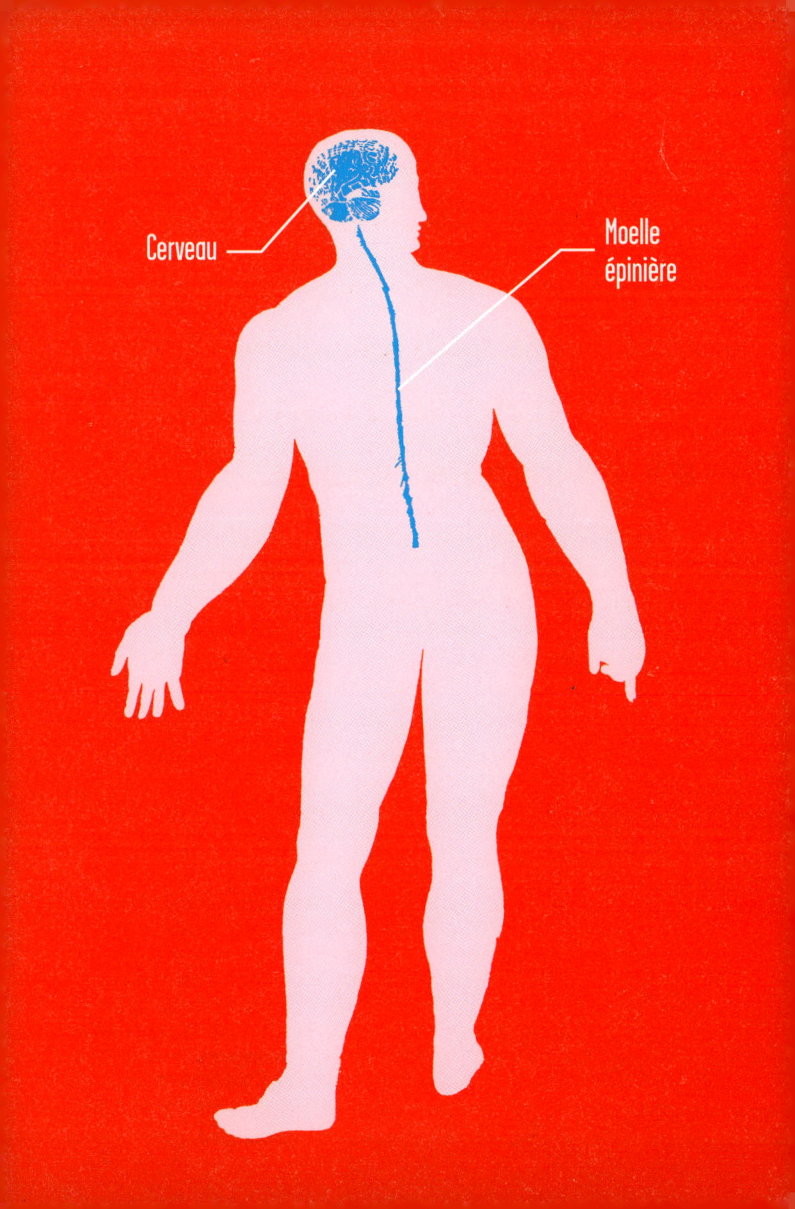
Cerveau
Moelle épinière

Le système nerveux **périphérique** est constitué de l'ensemble des nerfs de notre corps. Il transmet les informations entre les récepteurs sensoriels, les organes internes et le système nerveux central.

Le système nerveux périphérique
C'est la partie du système nerveux, formée de ganglions et de nerfs, qui fait circuler l'information entre les organes et le système nerveux central, et réalise les commandes motrices de ce dernier. Il comprend le système nerveux somatique (qui reçoit des fibres sensorielles de la peau, des muscles et des articulations) et le système nerveux autonome (responsable des fonctions automatiques, non soumises au contrôle volontaire : digestion, vascularisation, hormones, etc.).

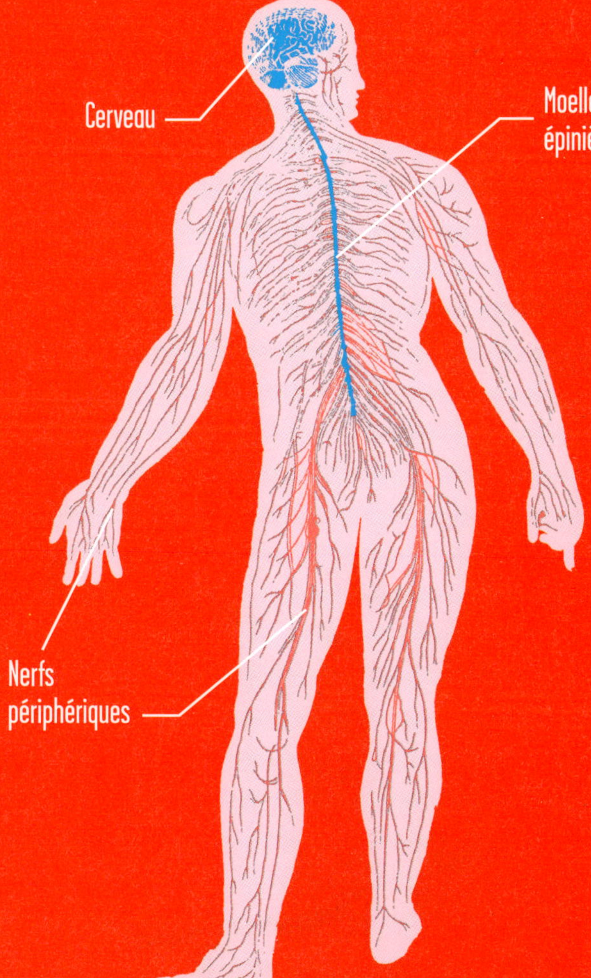
Cerveau
Moelle
épinière
Nerfs
périphériques

Le cerveau est l'organe le mieux **protégé** du corps. Mécaniquement d'abord, grace au crâne qui fait office de blindage contre les coups. Viennent ensuite les méninges, ces trois membranes qui l'enveloppent pour l'empêcher de s'abîmer contre l'intérieur du crâne (sauf

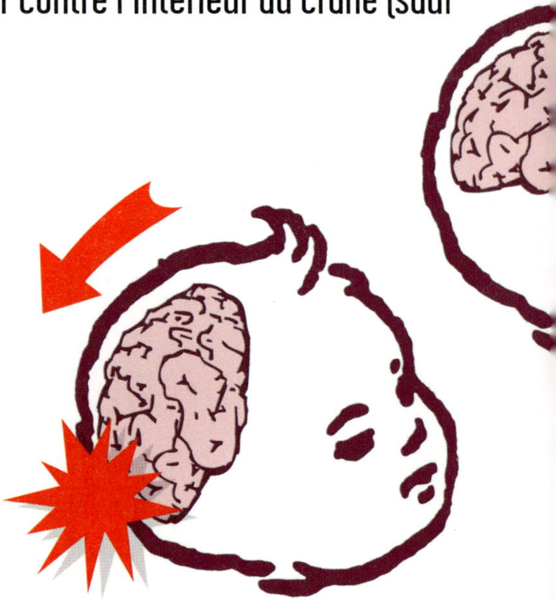

chez le **nourrisson**, où l'espace entre méninges et cerveau est trop important).
Enfin, le cerveau baigne dans le liquide céphalo-rachidien, ce qui atténue encore les chocs.

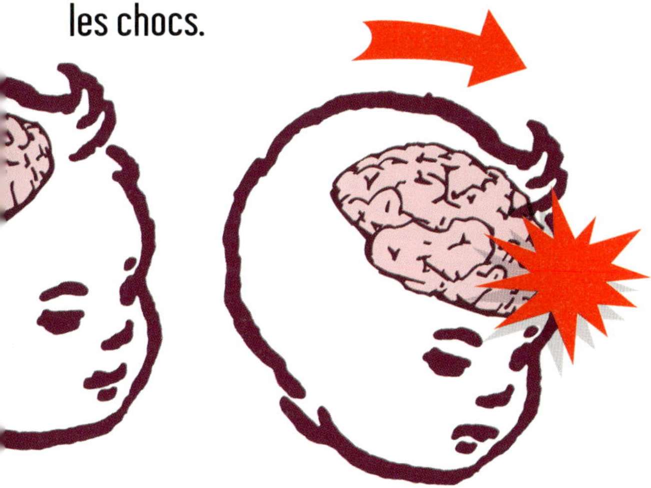

Syndrôme du bébé secoué
Chez le nourrissson, l'espace situé entre le cerveau et les méninges est élargi. Les veines qui le traversent sont exposées au risque de rupture lors de secousses brutales. D'autant plus que la tête du nourrisson, lourde par rapport au reste du corps, est mal maintenue par des muscles cervicaux encore trop faibles. Le fait de secouer le bébé pour le faire taire peut entraîner des conséquences neurologiques irrémédiables, voire le décès dans 10 % des cas.

Une caractéristique anatomique frappante du cerveau est sa division en **deux hémisphères**. Ceux-ci ne sont cependant pas exactement identiques. Ils présentent des différences tant dans leur taille et leur forme que dans leur fonction. On nomme ce phénomène la **latéralisation** cérébrale.

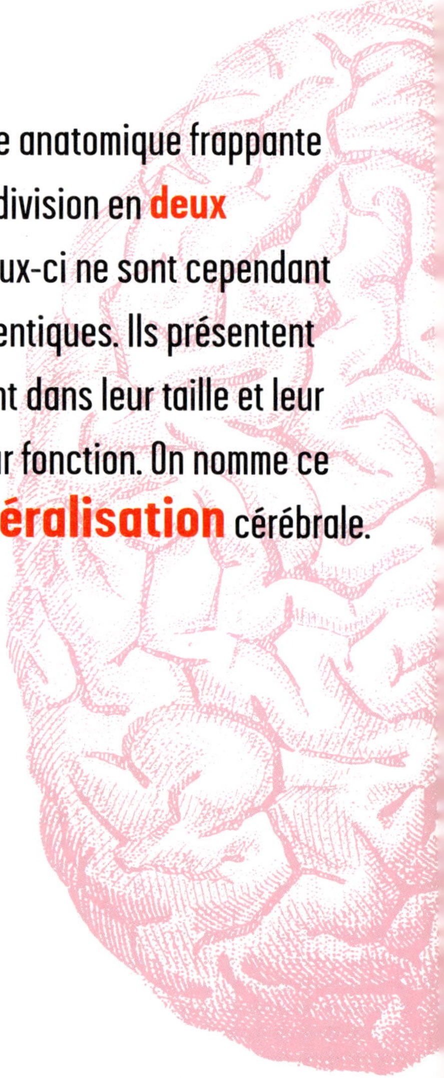

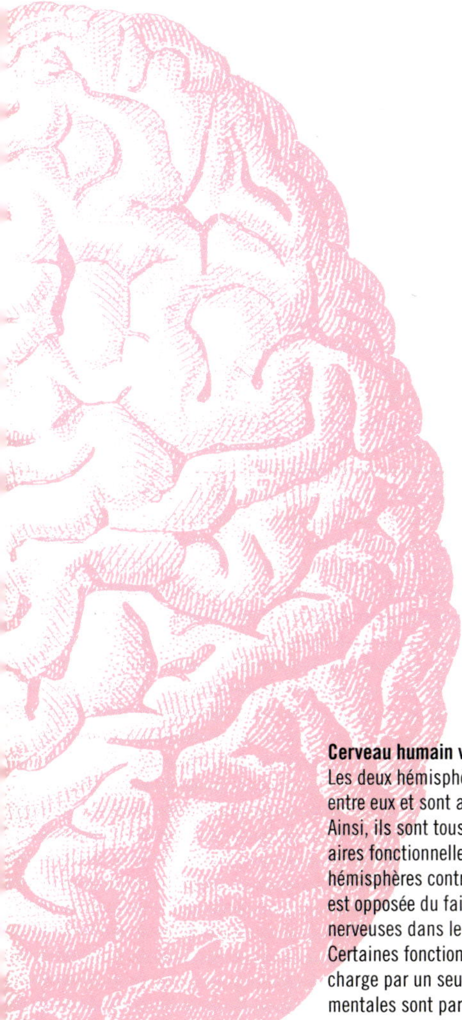

Cerveau humain vu du dessus
Les deux hémisphères cérébraux sont reliés entre eux et sont anatomiquement symétriques. Ainsi, ils sont tous deux composés des mêmes aires fonctionnelles. En revanche, chacun des hémisphères contrôle la moitié du corps qui lui est opposée du fait de l'entrecroisement des voies nerveuses dans le trajet cerveau-moelle épinière. Certaines fonctions sont prises entièrement en charge par un seul hémisphère. Les activités mentales sont par contre assurées, dans la plupart des cas, par les deux hémisphères.

Les scientifiques distinguent **quatre grands lobes** à la surface de chaque hémisphère de notre cerveau. Ils ont également dressé une liste des

régions principales

du cerveau et du rôle qu'on leur attribue en l'état des connaissances actuelles.

Schéma représentant les différents lobes du cerveau humain

Tout en interagissant entre eux, les quatre lobes externes du cerveau jouent chacun un rôle bien particulier. Ainsi, le lobe frontal (en bleu) intervient lorsqu'il s'agit de planifier ou de se mouvoir volontairement ; le lobe temporal (en vert) permet l'audition, le langage ou encore la mémoire ; le lobe pariétal (en jaune) analyse les informations complexes – impliquant plusieurs sens –, tandis que le lobe occipital (en rouge) est le centre visuel.

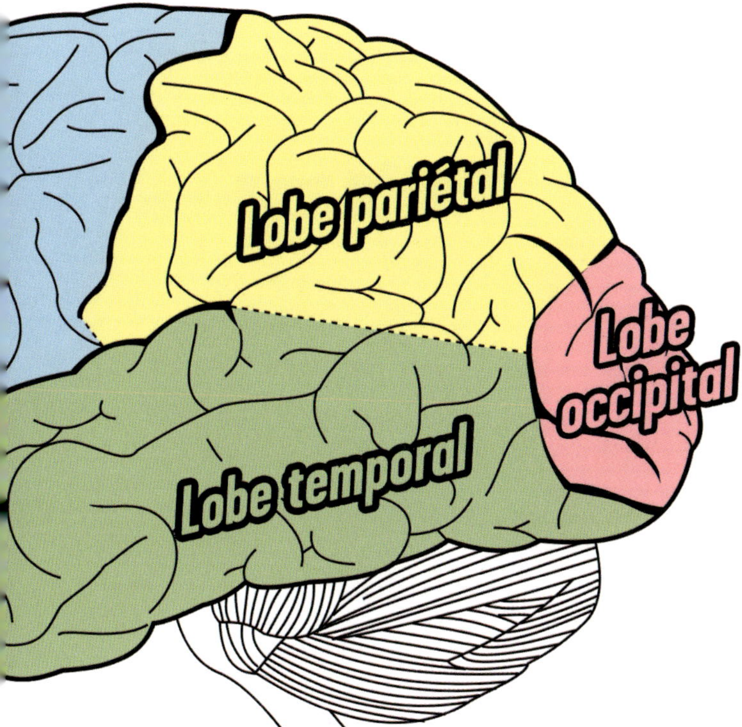
Lobe pariétal
Lobe occipital
Lobe temporal

LE CERVEAU ET SES RÉGIONS

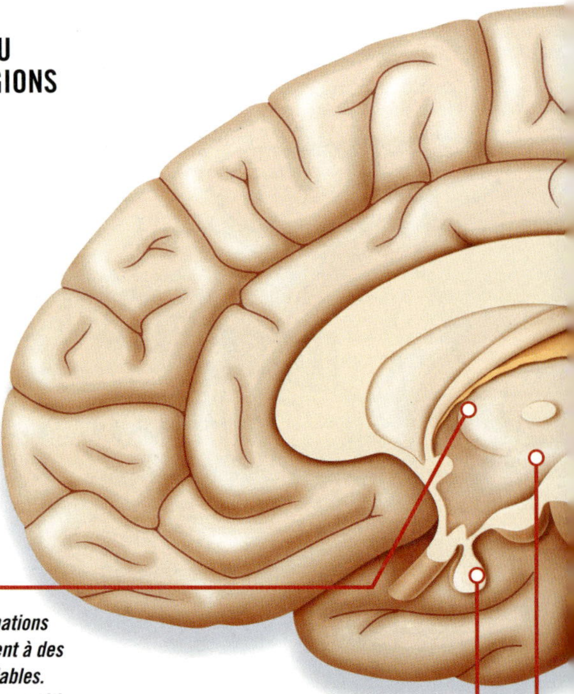

THALAMUS

Il trie les informations qui correspondent à des fonctions semblables. Une sensation y est déjà perçue comme plaisante ou désagréable.

HYPOPHYSE

Cette petite glande, de la taille et de la forme d'un pois, joue un rôle capital dans la production d'hormones.

HYPOTHALAMUS

Faim, soif, température du corps, digestion et battements du cœur sont sous son contrôle.

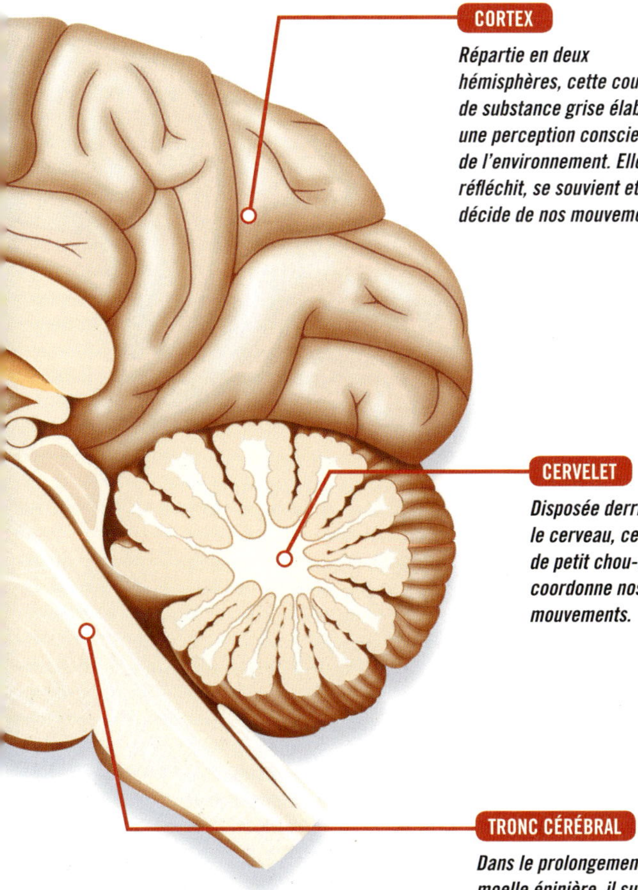
CORTEX
Répartie en deux hémisphères, cette couche de substance grise élabore une perception consciente de l'environnement. Elle réfléchit, se souvient et décide de nos mouvements.
CERVELET
Disposée derrière le cerveau, cette sorte de petit chou-fleur coordonne nos mouvements.
TRONC CÉRÉBRAL
Dans le prolongement de la moelle épinière, il supervise les comportements automatiques indispensables à la survie telle que la respiration.

Le cerveau humain est majoritairement composé de **matière grise**, également appelée **cortex** (« écorce », en grec ancien), qui est le lieu privilégié des connexions neuronales et donc du traitement de l'information.

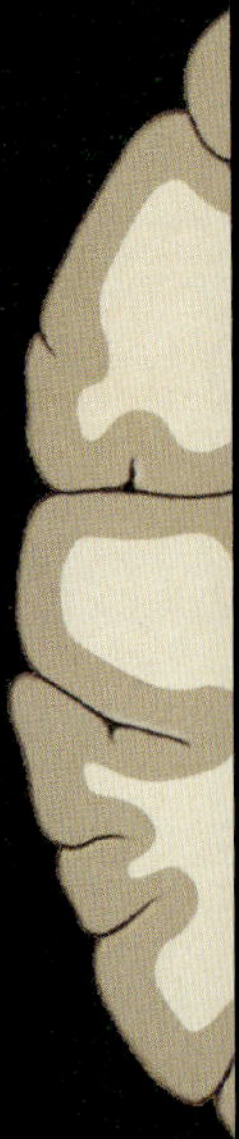

Schéma de l'intérieur d'un cerveau
Le cerveau est constitué de tissus nerveux. La matière grise, qui est la partie externe du cerveau, émet et traite les impulsions nerveuses. Elle entoure le reste du tissu nerveux, la substance blanche, qui transmet ces impulsions vers les noyaux centraux du cerveau, grâce à ses fibres nerveuses. Ces noyaux font ensuite le lien entre le cerveau et le tronc cérébral, lui-même rattaché à la moelle épinière.

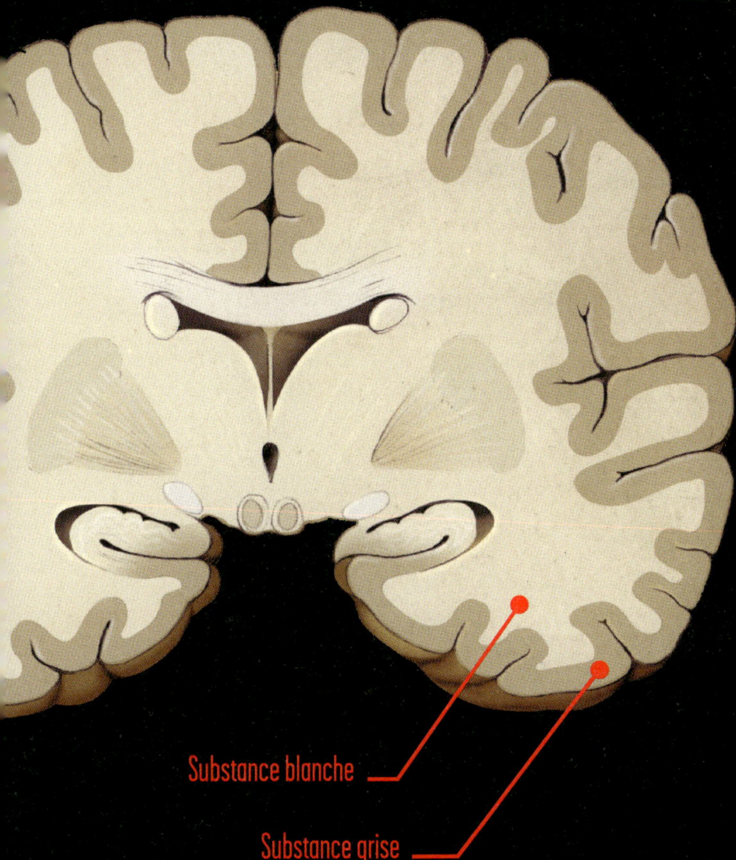
Substance blanche
Substance grise

Il existe plus de 200 types de **neurones** différents, et leur longueur varie d'un millimètre… à plus d'un mètre. Ce sont eux qui **transmettent** l'influx nerveux depuis les récepteurs sensoriels jusqu'au cerveau.

Schéma d'un neurone
Situés dans tout le système nerveux, les neurones réagissent aux stimulations du corps et du monde extérieur – les stimuli – en les convertissant en impulsions nerveuses. Ils transmettent ensuite ces dernières au cerveau. Le neurone est donc l'élément fonctionnel de base du système nerveux. Cette cellule est constituée d'un corps cellulaire et de deux types de prolongements : les dendrites, qui apportent l'information au neurone pour qu'il la traite, et l'axone, qui permet de la renvoyer.

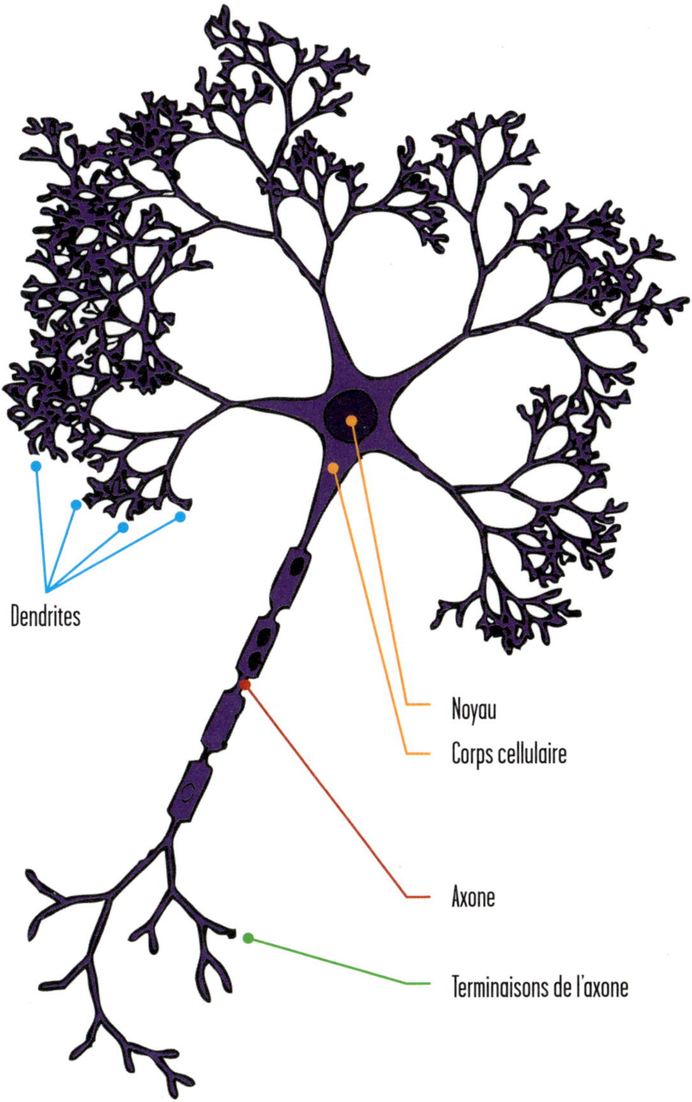
Dendrites
Noyau
Corps cellulaire
Axone
Terminaisons de l'axone

Nos sensations, nos mouvements, nos pensées et nos émotions résultent de la communication entre les neurones. Celle-ci serait impossible sans la **conduction nerveuse**, qui permet à l'influx nerveux de se propager le long de nos neurones. Cette conduction est de nature particulière : on dit qu'elle est **électrochimique**, car deux processus complémentaires sont mis en jeu : la conduction électrique et la transmission chimique. C'est donc de l'électricité faite avec des molécules chimiques.

Schéma représentant la communication neuronale
La conduction électrique permet à l'influx nerveux de traverser rapidement un neurone d'un bout à l'autre. La transmission chimique favorise la circulation de cet influx de neurone en neurone. Tout cela est tellement rapide (presque 100 m/s) que la réponse du cerveau est instantanée.

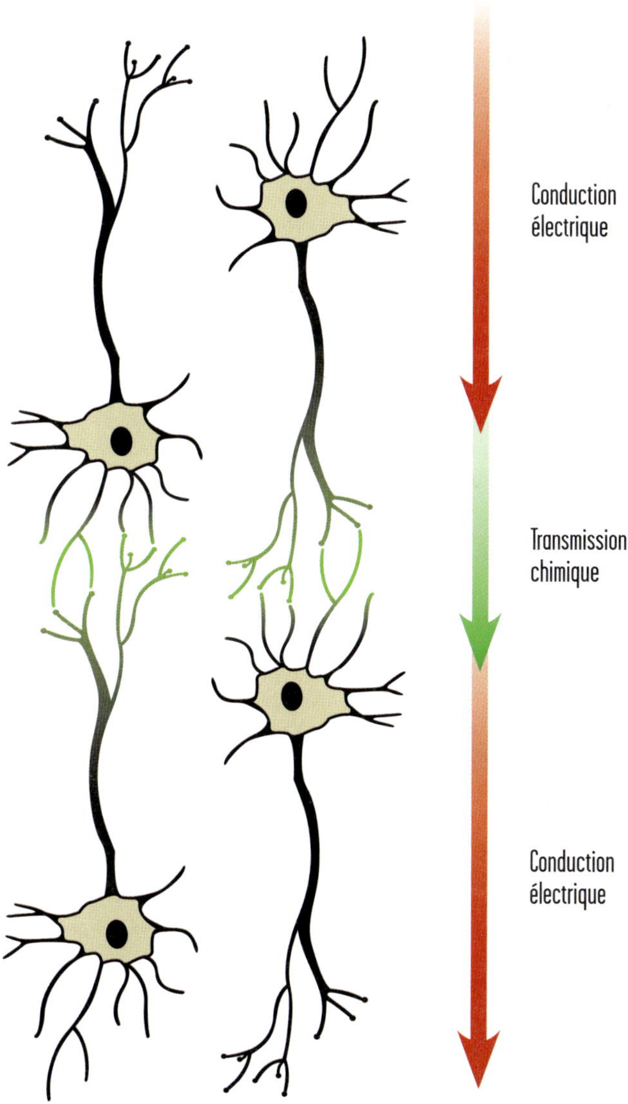
Conduction
électrique
Transmission
chimique
Conduction
électrique

La transmission chimique s'effectue au niveau des **synapses**. Dans ces espaces de jonction, les neurones libèrent des substances, les **neurotransmetteurs,** qui vont conduire l'influx électrique à se reformer dans le neurone suivant.

Observation au microscope électronique de synapses (cerveau de lapin)
Les neurotransmetteurs, ou neuromédiateurs, sont des composés chimiques libérés par les neurones agissant sur d'autres neurones, appelés neurones postsynaptiques. Ce sont les grains verts que l'on distingue sur cette photo obtenue au microscope électronique. Ils sont stockés dans des vésicules, dont le contenu est libéré dans l'espace synaptique au moment de l'arrivée d'un potentiel d'action. Là, les molécules diffusent vers les récepteurs localisés dans la membrane du neurone suivant.

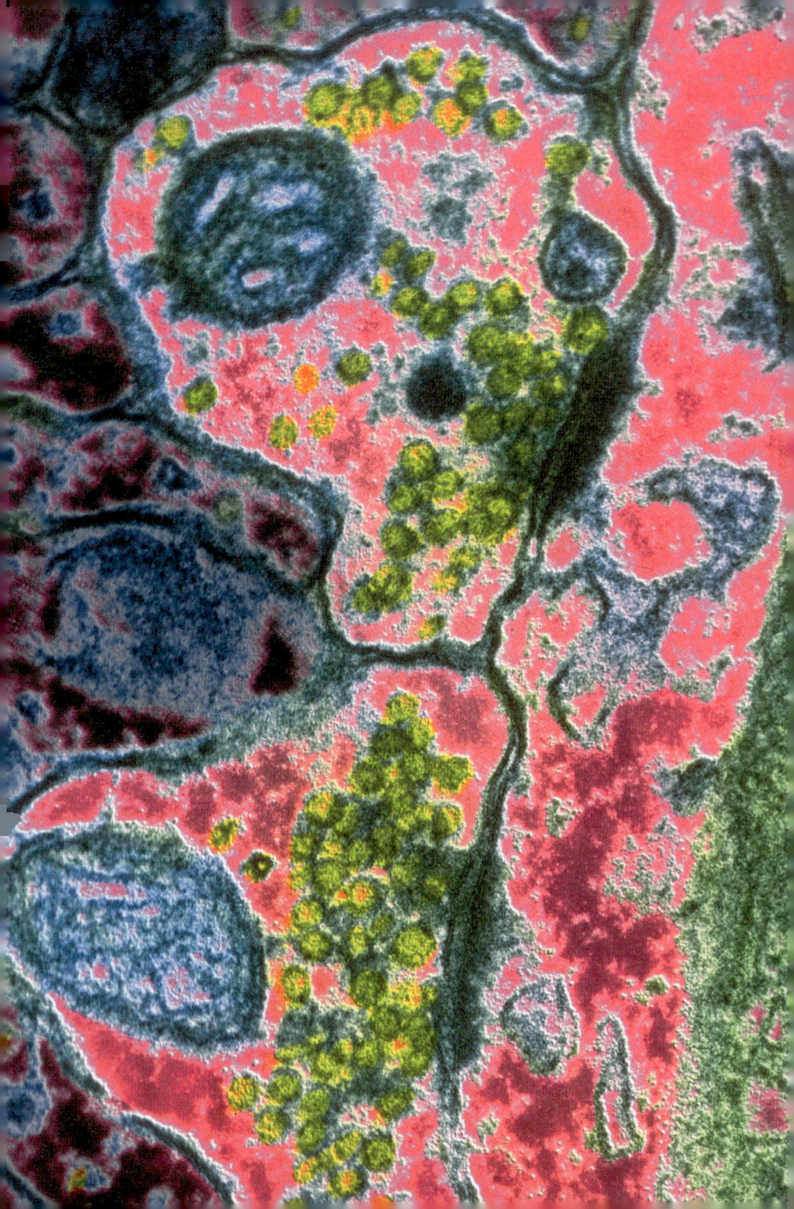

La forme particulière de la molécule
de **neurotransmetteur**
va déterminer son effet.
Certains favorisent la propagation
de l'influx nerveux : ils sont **excitateurs**.
D'autres diminuent la probabilité que le
neurone suivant envoie un influx : on parle
alors de neurotransmetteurs **inhibiteurs**.

Exemple de la transmission chimique de l'influx nerveux entre deux neurones
Le glutamate (boules vertes) est un neurotransmetteur excitateur indispensable au système nerveux central. Celui-ci se fixe ensuite sur les récepteurs (cercles violets), permettant aux ions sodium (+) de s'infiltrer dans le second neurone, ce qui produit alors le courant électrique permettant la transmission de l'influx nerveux.

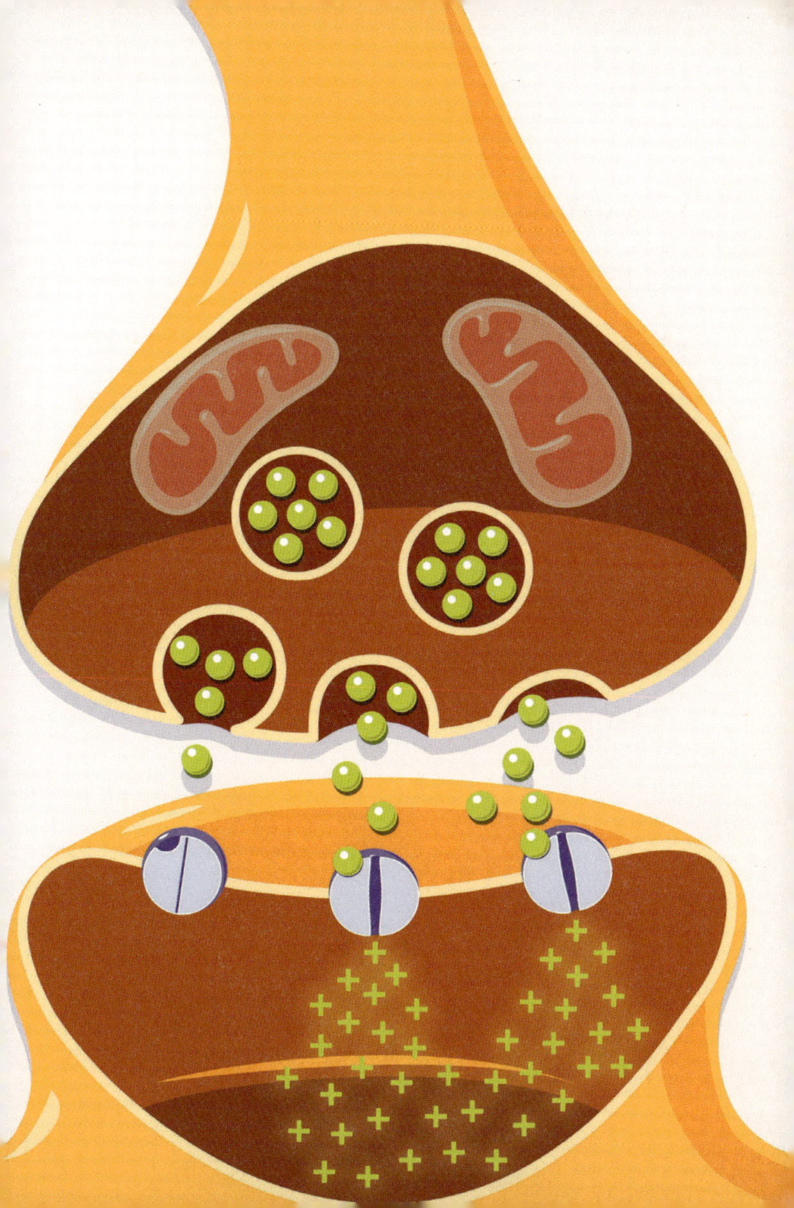

Les neurones reçoivent souvent l'aide des cellules environnantes, les **cellules gliales**. Celles-ci s'enroulent autour de l'axe du neurone [axone] et forment une gaine isolante, un peu comme celle recouvrant un fil électrique. Cette gaine, faite d'une substance grasse appelée myéline, permet à l'influx nerveux de voyager **plus vite**.

Micrographie d'une astrocyte
Les astrocytes sont une variété de cellules gliales. Selon plusieurs estimations, celles-ci seraient 10 à 50 fois plus nombreuses que les neurones, soit 1 000 à 5 000 milliards en tout. Elles interviennent dans la dynamique de transmission des informations et ont la capacité de réparer les neurones. Les recherches de ces vingt dernières années ont montré leur rôle primordial dans l'activité cérébrale, mais leur fonctionnement reste encore, en partie, incompris. Les études en cours pourraient être décisives pour la guérison de certaines maladies neurodégénératives telles que la maladie d'Alzheimer, par exemple.

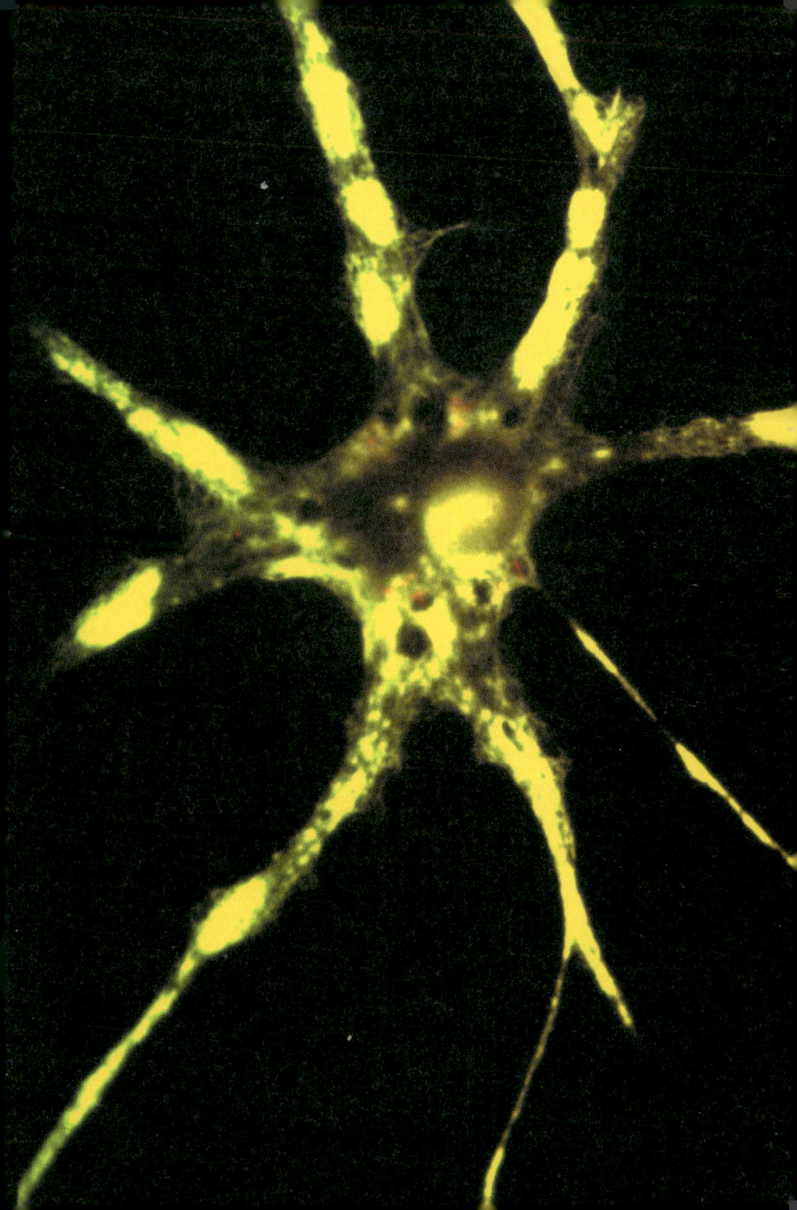

Depuis la séparation de la lignée humaine de celle des singes (il y a cinq millions d'années), le cerveau humain a **quadruplé** de volume. *Homo sapiens* a donc un **gros cerveau** par rapport à sa taille corporelle : 1 400 g en moyenne, alors que 200 g lui suffiraient pour réaliser les comportements élémentaires de survie.

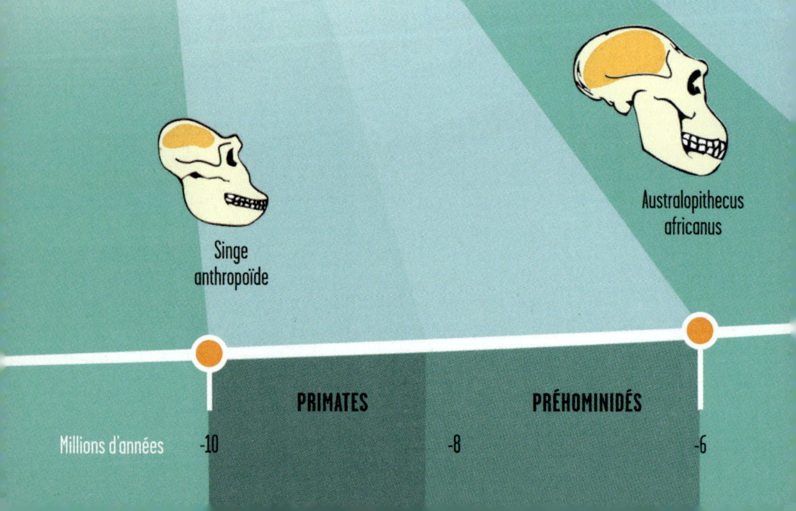

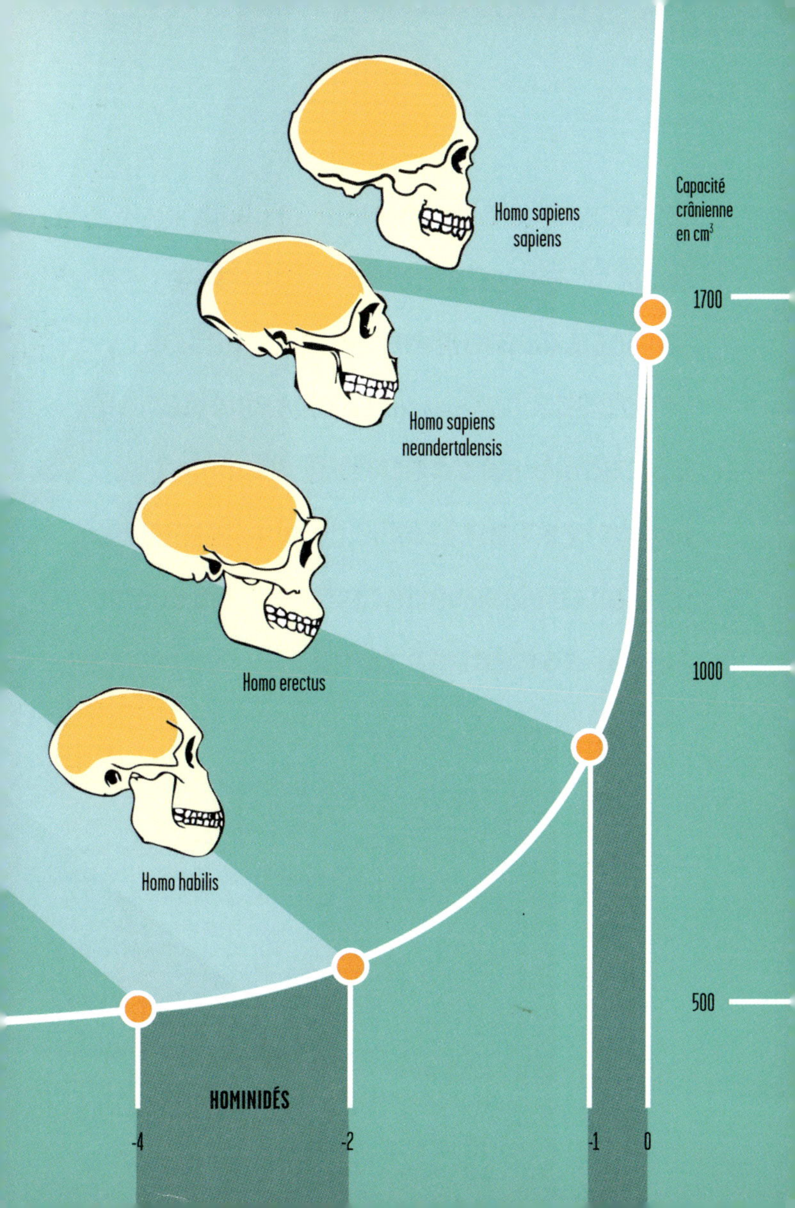
Homo sapiens
sapiens
Homo sapiens
neandertalensis
Homo erectus
Homo habilis
Capacité
crânienne
en cm³
1700
1000
500
HOMINIDÉS
-4
-2
-1
0

On pense que, si le cerveau de l'homme est si développé, c'est parce qu'il a été privilégié au détriment d'autres aptitudes. Cette augmentation du volume cérébral a constitué une **réponse** adaptative appropriée. C'est la taille de son cerveau qui a permis à l'homme de rester dans la course lors de la **sélection naturelle** des espèces.

Comparaison de la taille du cerveau de différents vertébrés
L'homme est le seul « animal » capable de penser le monde, de le décrypter et de communiquer ses sentiments par la parole. Au cours du XIXe siècle, les scientifiques pensent que cela est dû à la taille de son cerveau, censé être plus gros que celui des animaux. Mais ils se rendent rapidement compte que la taille n'a rien à voir avec l'intelligence : en effet, le cerveau de l'éléphant ou du dauphin est plus gros que celui de l'homme.

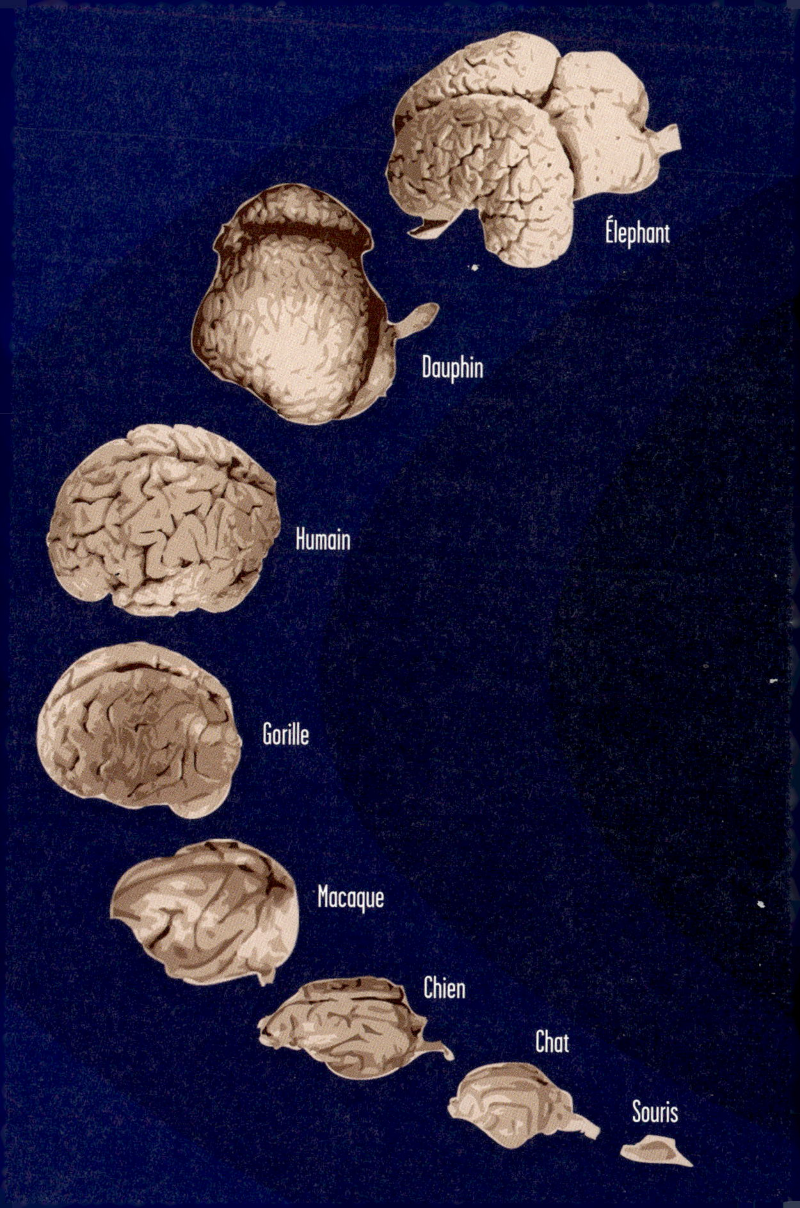
Éléphant
Dauphin
Humain
Gorille
Macaque
Chien
Chat
Souris

Le modèle le plus célèbre permettant de considérer la structure du cerveau en relation avec son histoire est celui du **« cerveau triunique »** de Paul MacLean (1969). Selon celui-ci, trois « strates » de cerveau, apparues successivement au cours de l'évolution, cohabitent en nous : un cerveau reptilien (le plus ancien), un cerveau limbique (datant de l'apparition des mammifères) et un néocortex.

Représentation schématique de la théorie du cerveau triunique
Paul MacLean (1913-2007) considère que, à l'image des couches géologiques constituant le sol de la terre, chacune des strates de notre cerveau est indépendante des autres et possède des fonctions précises qui découlent directement de l'évolution de l'homme. Aujourd'hui, cette vision schématique est remise en cause : de nombreux chercheurs considèrent en effet que ces trois cerveaux sont dépendants les uns des autres et qu'ils demeurent en perpétuelle communication.

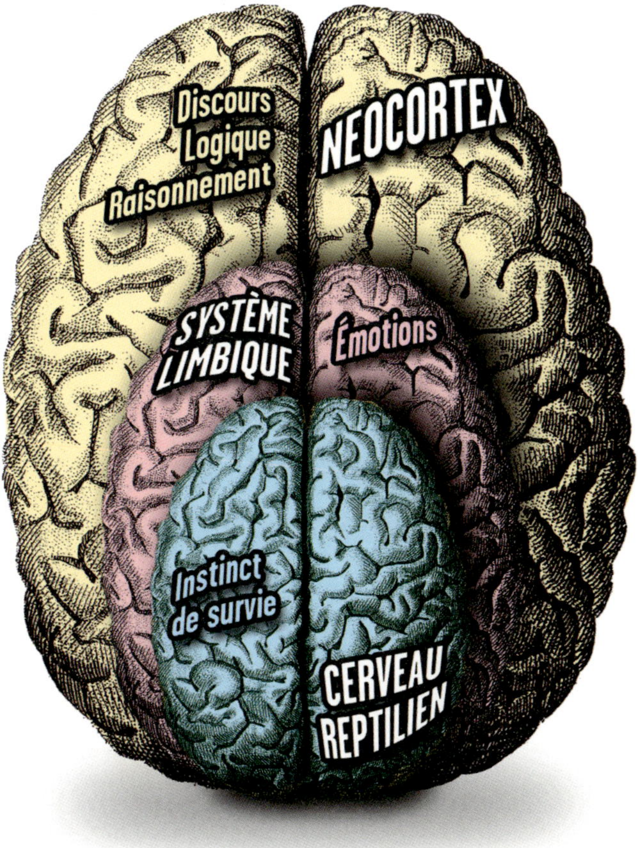
Discours
Logique
Raisonnement
NEOCORTEX
SYSTÈME
LIMBIQUE
Émotions
Instinct
de survie
CERVEAU
REPTILIEN

Ainsi, le système nerveux qui produit nos comportements individuels est non seulement le fruit de notre histoire personnelle, mais aussi celui de **l'évolution** de notre espèce. Née dans les années 1980, une branche scientifique, la psychologie évolutive, réexamine les comportements humains à la lumière des différentes contraintes subies par nos **ancêtres**, chasseurs-cueilleurs dans les savanes.

Couverture du magazine *Rahan* (1978)
La psychologie évolutionniste repose sur l'hypothèse fondamentale que le cerveau, tout comme les autres organes, est le produit de l'évolution. Notre pensée humaine subit encore l'influence lointaine des comportements de nos ancêtres les hominidés. Rahan, ce chasseur-cueilleur, héros de bande dessinée, donne un exemple de ces comportements dans une préhistoire mythifiée.

RAHAN

N° 7

PAGES • COMPLET • COULEUR

Si l'héritage évolutif de notre système nerveux oriente nos comportements, ceux-ci sont aussi le fruit d'une autre influence, celle de notre **environnement**, qui façonne notre cerveau durant toute notre vie. On retrouve la double influence de la **nature** et de la **culture** pointée par les philosophes.

Photo promotionnelle pour le film de François Truffaut, *L'Enfant sauvage*, inspiré de l'histoire de Victor de l'Aveyron et sorti en 1970.
La nature, c'est-à-dire notre héritage génétique, et la culture, ou l'environnement dans lequel nous vivons dès notre naissance, ont une très forte influence sur la réactivité du cerveau : cela fait de chacun d'entre nous un individu unique. Victor de l'Aveyron, l'enfant sauvage, a grandi loin de tout contact avec la civilisation humaine. Il ne parle pas et a des gestes totalement désordonnés. On ne saura jamais si son retard était dû à son isolement ou si un handicap mental préalable avait conduit à son abandon vers l'âge de 2 ans.

La formation du système nerveux central — ou **neurulation** — commence très tôt dans le développement de l'embryon. C'est dès les premières semaines que se déroule la **prolifération cellulaire** la plus importante. Mieux vaut ne pas tarder pour parvenir à déployer l'extraordinaire complexité caractérisant le cerveau adulte…

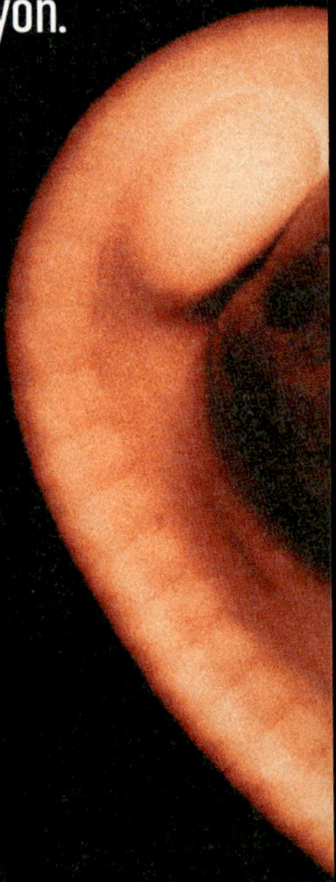

Embryon humain au trente-cinquième jour de développement
Au cours de la septième semaine de gestation, le cerveau de l'embryon se divise en cinq zones distinctes, et les premiers nerfs visibles apparaissent sur son crâne. Le système nerveux représente 90 % de la masse de l'embryon à 21 jours, 40 % chez le nouveau-né et 2 % chez l'adulte. À cette date, l'embryon mesure entre 2 et 6 mm.

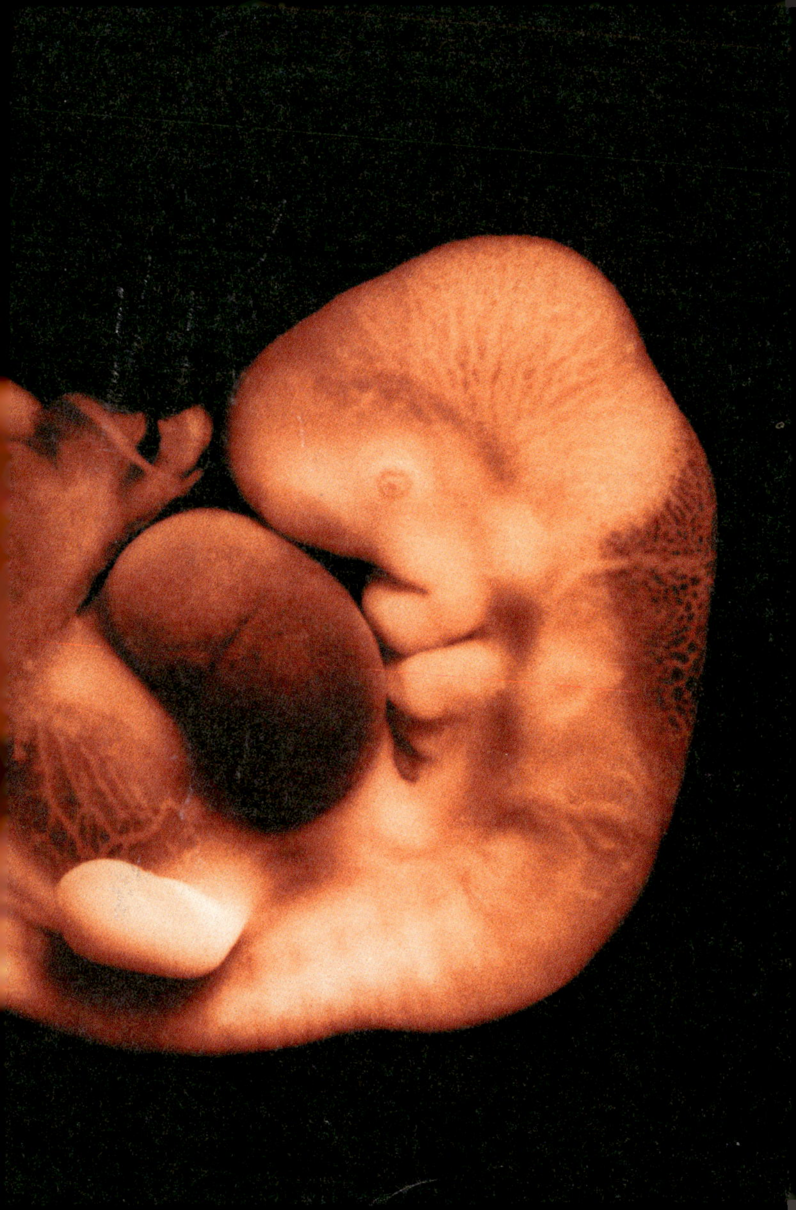

On sait aussi que, si le cerveau des **femmes** est — légèrement — différent de celui des hommes, c'est que les hormones sexuelles jouent un rôle essentiel au cours de la vie embryonnaire.

Ces hormones — testostérone ou œstrogènes — imprègnent le fœtus et créent des circuits neuronaux légèrement **différents**.

Couverture du best-seller américain *Les hommes viennent de Mars, les femmes viennent de Vénus*, de John Gray (1992)
Dans cet essai, l'auteur propose une représentation stéréotypée des hommes et des femmes qui lui permet de mettre en lumière de grandes différences comportementales entre les deux sexes.

MEN ARE
FROM MARS,
Women Are
from Venus
A Practical Guide for
Improving Communication and
What You Want in Your Relationships
GRAY, Ph.D.

Les **cellules souches neurales** sont à l'origine de tous les différents types de neurones et de certains types de cellules gliales. En 2008, la transformation de telles cellules en neurones du cortex, puis leur **greffe** réussie dans un cerveau de souris constituent une piste sérieuse pour la guérison de maladies neurologiques et psychiatriques.

Schéma représentant la division d'une cellule souche
Chacune des cellules du corps humain porte en elle l'ensemble des gènes qui constituent un être. Mais, à un moment du développement embryonnaire, certains gènes vont s'activer dans ces cellules et fixer leur destin. Elles deviennent des précurseurs, qui à leur tour vont se différencier en neurones, en astrocytes ou encore en de simples cellules de la peau.

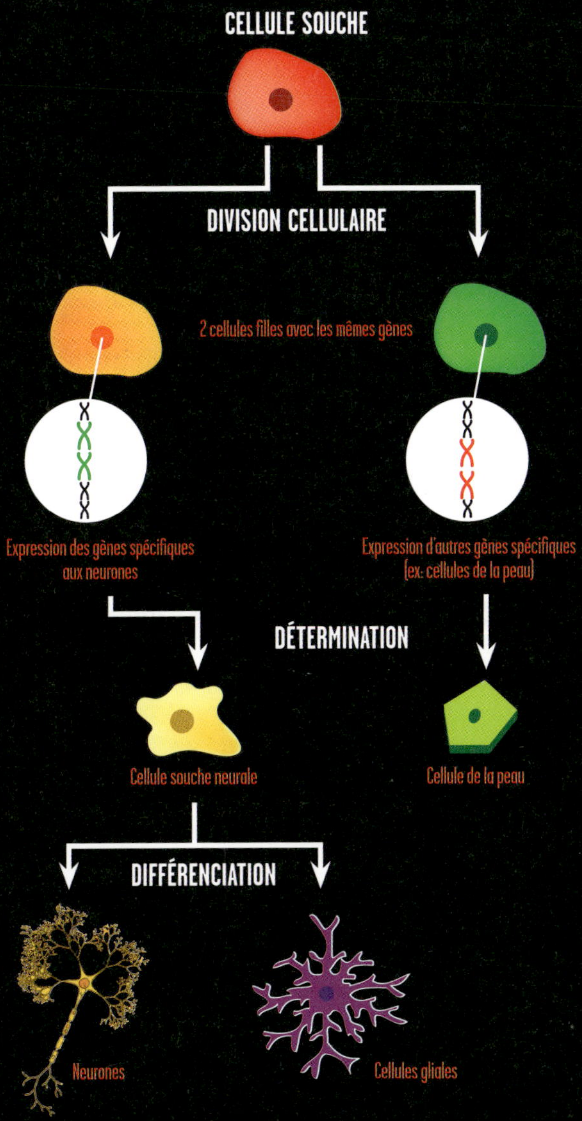
CELLULE SOUCHE
DIVISION CELLULAIRE
2 cellules filles avec les mêmes gènes
Expression des gènes spécifiques aux neurones
Expression d'autres gènes spécifiques (ex: cellules de la peau)
DÉTERMINATION
Cellule souche neurale
Cellule de la peau
DIFFÉRENCIATION
Neurones
Cellules gliales

Après la naissance, c'est la **multiplication des connexions synaptiques** entre les cellules qui devient le phénomène le plus remarquable. Les voies neuronales sont alors très sensibles à l'environnement. La **singularité** du cerveau de chaque individu va se constituer à travers ces premières étapes de la construction des circuits cérébraux.

Petite fille en plein apprentissage de la marche
C'est en tombant que l'on apprend à marcher. Le petit être humain affine alors le fonctionnement de son système nerveux moteur. La maturation du cerveau s'opère grâce à une perte importante de connexions : le réseau de neurones est comme façonné pour de plus grandes spécialisations et une meilleure efficacité dans le traitement de l'information.

Ce sont nos **cinq sens** — la vue, l'ouïe, le toucher, le goût, l'odorat — qui renseignent le cerveau sur notre environnement.
Le système nerveux périphérique, réparti sur toute la surface corporelle, fonctionne comme un système de **récepteurs** spécialisés.
Mais c'est une information **brute**.
C'est notre cerveau qui reconstitue notre **représentation** cohérente du monde.

Représentation artistique du travail cérébral suite à un stimulus visuel
Chacun de nos cinq sens dispose de ses propres cellules sensorielles réceptrices. Lors d'un stimulus, comme un son, une image ou une odeur, ces cellules sont activées, et les informations qu'elles collectent sont transmises jusqu'au cerveau. Celui-ci les analyse, puis les assimile.

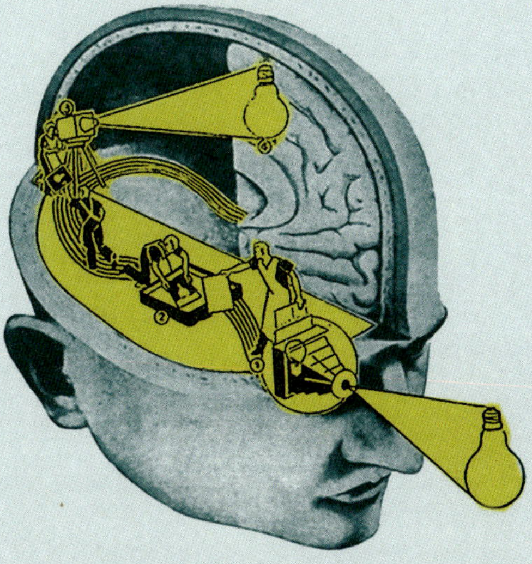

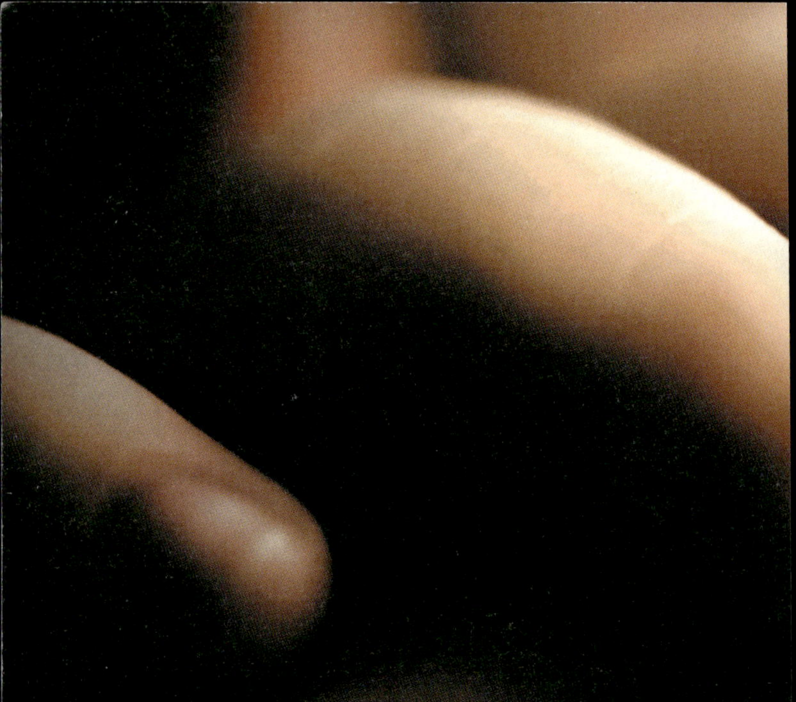

Le **toucher** est le premier des cinq sens
à se développer chez le fœtus humain.
Toucher les objets et les autres êtres vivants
favorise l'apprentissage chez l'enfant,
y compris celui de la lecture.

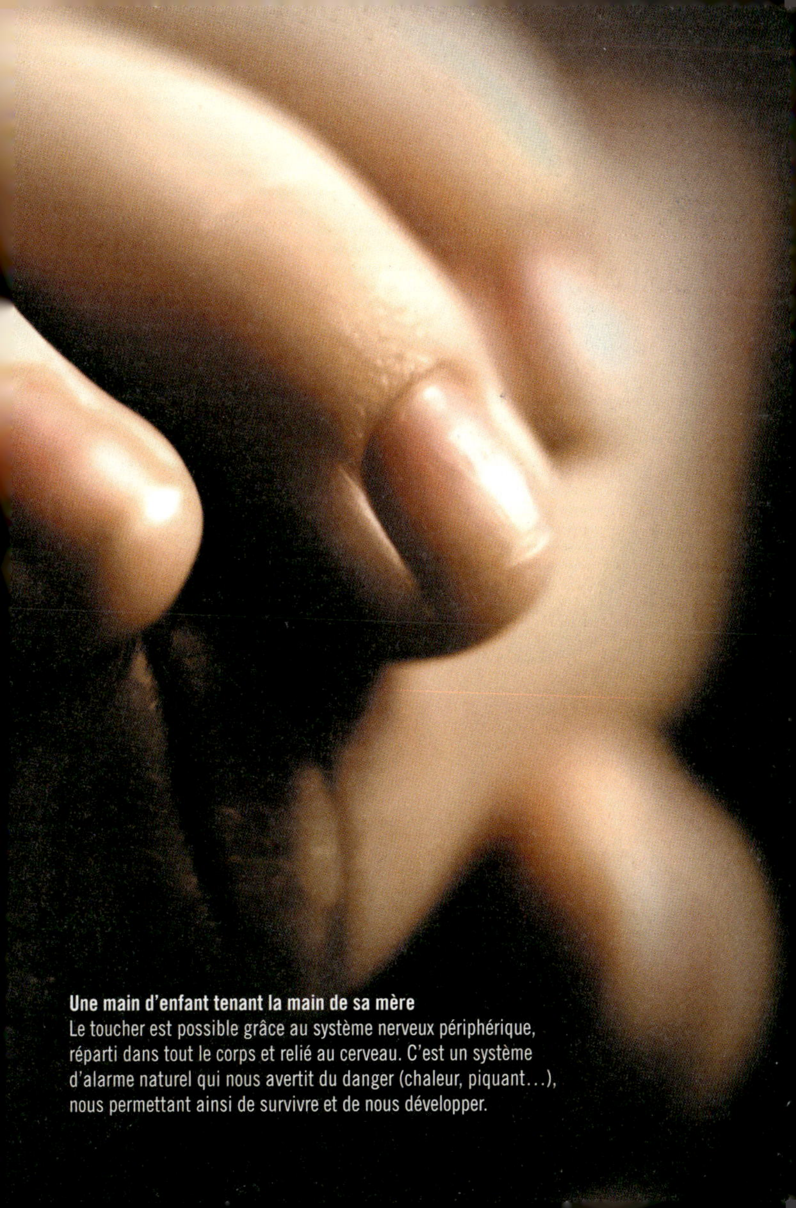

Une main d'enfant tenant la main de sa mère
Le toucher est possible grâce au système nerveux périphérique, réparti dans tout le corps et relié au cerveau. C'est un système d'alarme naturel qui nous avertit du danger (chaleur, piquant…), nous permettant ainsi de survivre et de nous développer.

Le toucher est rendu possible par la présence de nombreux **récepteurs** situés sous la peau, qui ont chacun une tâche particulière : ils répondent à la chaleur, au froid, à la pression et à la douleur. L'interprétation de ces influx nerveux se fait dans une région du cerveau appelée **cortex somatosensoriel**.

Lecture du braille
Ce système d'écriture est tactile : le toucher est donc indispensable pour lire le braille. Vers 1825, Louis Braille (1809-1852), aveugle depuis l'âge de 3 ans, invente cette technique à points saillants, destinée à aider les malvoyants dans leur vie quotidienne.

De même, les **illusions d'optique** démontrent que ce que nous voyons du monde ne nous est pas donné tel quel, comme une photographie. Au contraire, les éléments visuels sont souvent ambigus, et notre cerveau **interprète** constamment ces signaux pour construire une image qui a du sens pour nous.

Illusion de Zollner
Cette illusion d'optique donne l'impression que les lignes obliques ne sont pas parallèles et qu'elles finiront par se croiser si on les prolonge. Mais, si l'on retire les petits traits, on peut se rendre compte que ces lignes sont parfaitement parallèles. Cette illusion est rendue possible grâce à notre cerveau : en effet, perturbé par les angles discordants formés par les petits traits sur les grandes lignes, celui-ci incline ces dernières les unes vers les autres.

Si l'**œil** est l'organe de la vue, il ne sert à rien sans l'intervention du cerveau : c'est lui qui analyse et synthétise les informations en termes de forme, de couleur ou encore de relief...
Notre véritable œil, c'est le **cerveau**.

Schéma en vue supérieure représentant le parcours de l'information visuelle dans le cerveau
L'image reçue par la rétine est analysée point par point, puis transmise, grâce aux deux nerfs optiques, au cortex cérébral, et plus particulièrement aux aires visuelles droite et gauche. Celles-ci analysent ensuite les signaux reçus et donnent une représentation de l'objet perçu (et donc un sens à ce que l'on voit).

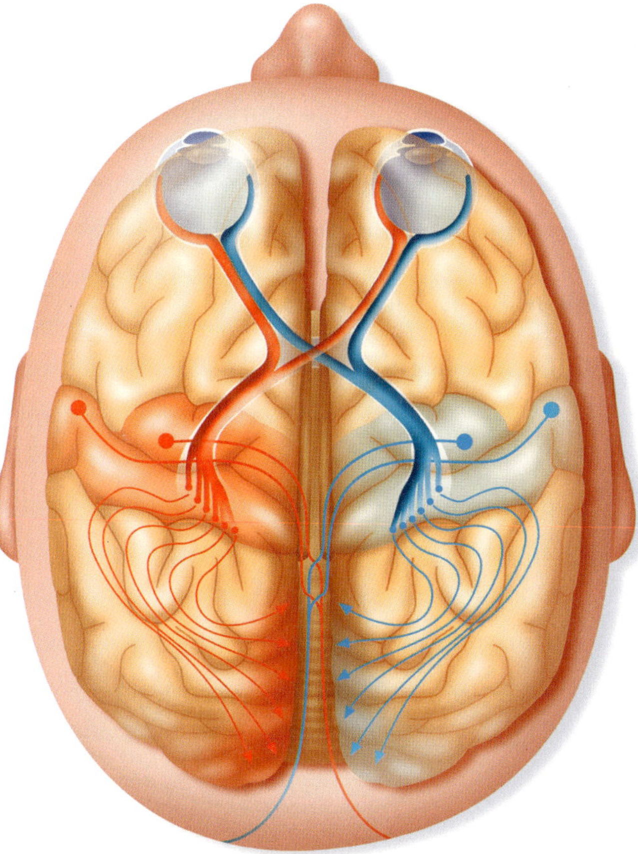

Ce jeu de réception, d'intégration et d'émission de signaux représente la fonction **majeure** du cerveau, qui explique à la fois les sensations, le mouvement, la mémoire et, du moins le suppose-t-on, la **conscience**.

Affiche du film *The Brain Eaters* (1958)
Le pouvoir du cerveau et de la conscience est une source inépuisable d'inspiration. Dans ce film de série Z, des extraterrestres vampires au cerveau surpuissant s'attaquent à la race humaine. Notre cerveau n'est bien entendu pas celui d'un extraterrestre ; pourtant, il paraît quelque peu surnaturel lorsque l'on réfléchit à l'étendue de ses capacités...

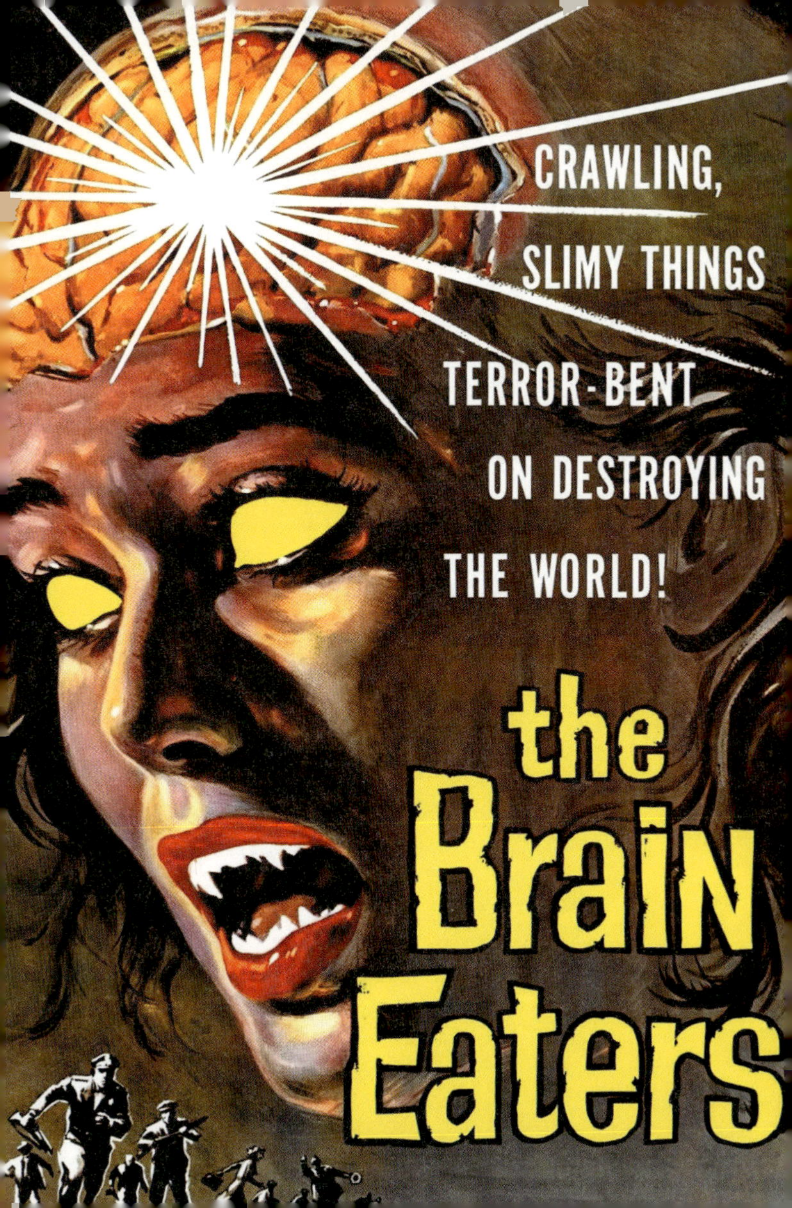
CRAWLING,
SLIMY THINGS
TERROR-BENT
ON DESTROYING
THE WORLD!
the
Brain
Eaters

Ce qui entre dans notre cerveau provient de nos sens, et ce qui en sort, y compris la parole, s'exprime sous forme de **mouvement**. Une des régions les plus impliquées dans le contrôle de nos mouvements volontaires est le **cortex moteur**.

Chronophotographie d'un perchiste
(technique photographique considérée comme l'ancêtre du cinéma)
Notre corps est constitué d'au moins 600 muscles,
et notre squelette de plus de 200 os !
Le mouvement et la coordination de cette machinerie complexe
sont rendus possibles par notre système nerveux central.

Voyons comment les choses se passent pour un **geste simple**, comme celui de prendre un livre sur une table.
La décision de saisir le livre s'accompagne d'abord d'une augmentation de l'activité électrique dans la région frontale du cortex. Les neurones de cette région vont activer le **cortex moteur**. Celui-ci, avec l'aide du cortex visuel, va déterminer la trajectoire idéale pour atteindre le livre. Les axones des neurones du cortex moteur descendent l'ordre moteur jusque dans la moelle épinière, où se fait le relais avec les neurones connectés aux muscles, ce qui provoque la **contraction** de ces derniers.

En tirant sur les os, les muscles déclenchent enfin le **mouvement** qui va permettre de saisir l'objet. Pour que les mouvements soient coordonnés, précis et rapides, le système nerveux doit, tout au long de l'action, recevoir des informations sensorielles du monde extérieur pour éventuellement adapter et corriger la trajectoire (si le livre est plus lourd qu'il n'y paraît, par exemple).

Pour que les différentes parties du bras et de la main se déploient de manière optimale, un **contrôle** interne règle avec précision l'enchaînement et la durée des mouvements élémentaires de chaque partie : c'est le rôle du **cervelet**.

Le **cervelet** reçoit une copie de tout ce qui monte vers le cortex sensoriel ou part du cortex moteur vers la moelle épinière. Il reçoit également des informations issues d'autres aires cérébrales. La maladresse qui accompagne l'excès d'**alcool** est directement en rapport avec ses effets toxiques sur l'activité du cervelet, par exemple.

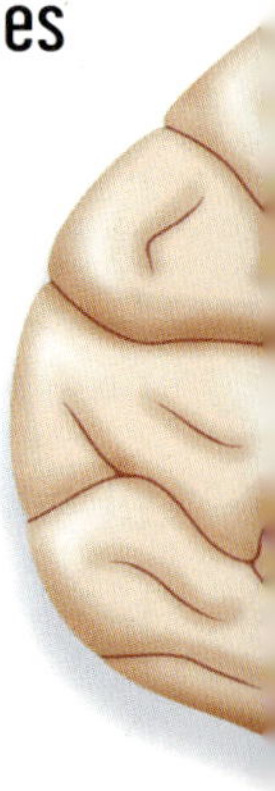

Coupe latérale du cerveau
Le cervelet est situé sous le cerveau, à l'arrière du tronc cérébral. Il ne représente que 10 % de la boîte crânienne, mais compte, à lui seul, plus de la moitié des neurones du cerveau. Il joue un rôle fondamental dans la capacité de se mouvoir du corps humain. Néanmoins, en cas de lésion au cervelet, le malade ne devient pas paralysé, mais ne réussit plus à apprendre ni à exécuter des mouvements complexes. Cet organe permet donc l'harmonie des mouvements.

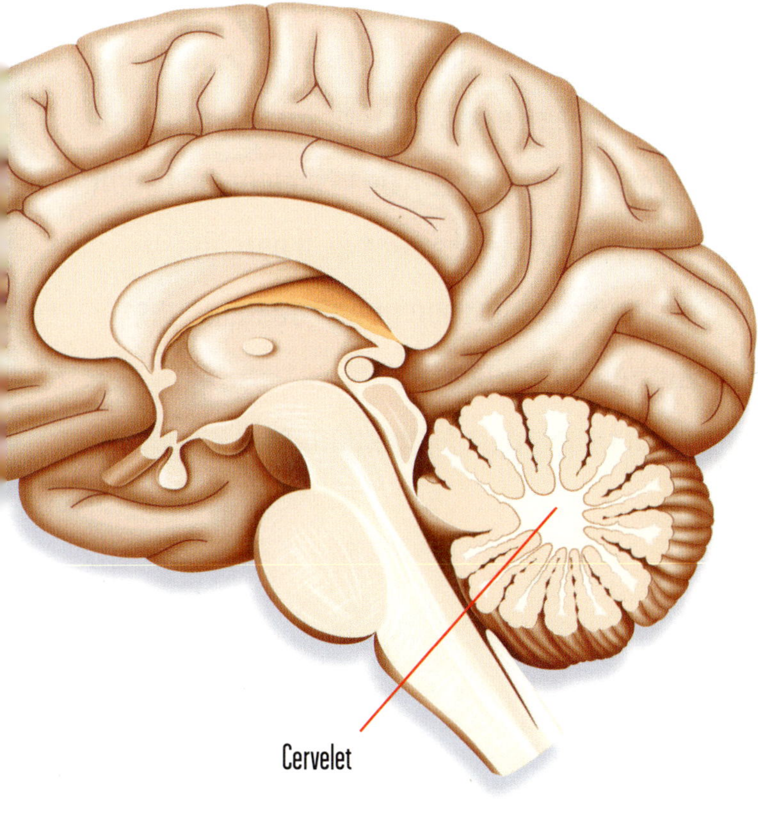
Cervelet

Le phénomène de la **parole** est aussi une activité **motrice**. On le remarque immédiatement quand un enfant prononce ses premiers mots : il prête surtout attention à l'aspect « gestuel » de la bouche de l'adulte pour reproduire les sons qu'il perçoit. On pense qu'une population de neurones particuliers, dits **« neurones miroirs »**, est à l'origine de la production du langage.

Enfant imitant son père

Au milieu des années 1990, l'équipe du biologiste italien Giacomo Rizzolatti (né en 1937) découvre les neurones miroirs. D'abord observé chez le singe, ce type particulier de neurones s'anime lorsqu'on effectue une action, mais également lorsqu'on regarde quelqu'un exécuter ce même mouvement. L'apprentissage par imitation – ainsi que le sentiment d'empathie – est donc possible grâce à l'observation d'autrui.

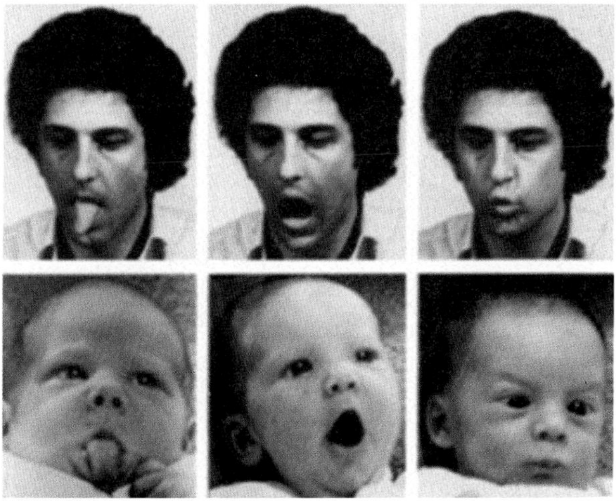

Le cerveau modifie constamment sa structure selon les expériences rencontrées. C'est le principe de l'**apprentissage**, qui correspond à un encodage des informations, première étape du processus de **mémorisation**.

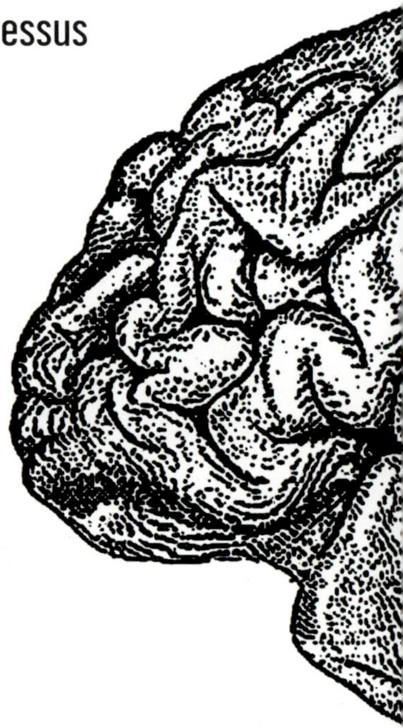

Emplacement de l'hippocampe dans le cerveau
L'hippocampe est une zone du cerveau située sous le cortex. Elle est impliquée dans l'apprentissage et les processus de mémorisation, dont celui de la mémoire spatiale. À Londres, une expérience menée auprès de chauffeurs de taxi a montré que leur hippocampe était plus gros que la moyenne. Preuve que la sollicitation permanente de cette zone a des conséquences sur la morphologie cérébrale.

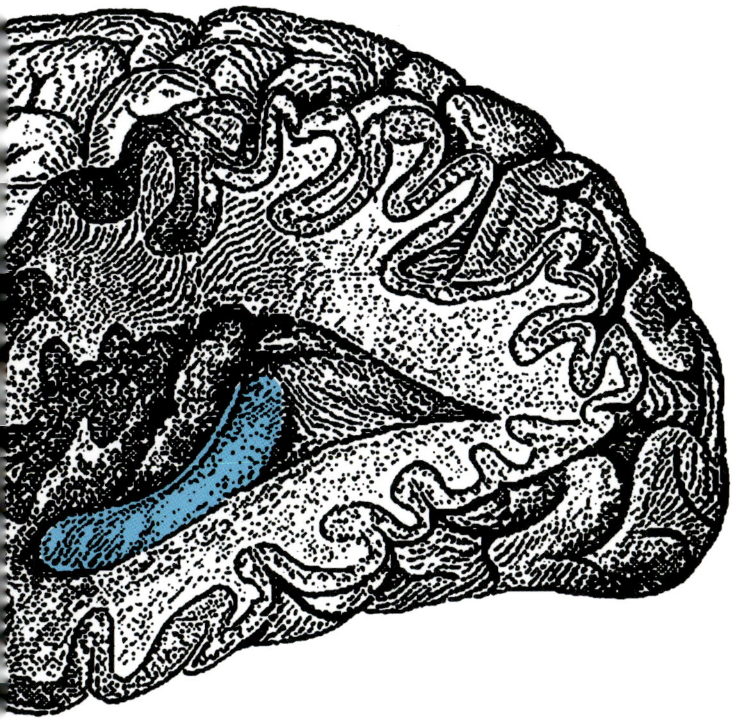

Chaque fois que nous apprenons quelque chose, des **circuits neuronaux** sont modifiés dans notre cerveau. Les synapses augmentent leur efficacité suite à la **répétition** de l'apprentissage, facilitant et renforçant le passage de l'influx nerveux dans un circuit particulier.

Schéma d'un réseau de neurones
Les synapses, qui font la jonction entre les neurones, favorisent l'apprentissage. Ainsi, dans un circuit nerveux, elles permettent le passage plus ou moins rapide de l'influx nerveux. Lorsqu'on apprend quelque chose, de nouvelles connexions s'établissent entre un certain nombre de neurones. Les réseaux se renforcent par ailleurs au fur et à mesure de la répétition de cet apprentissage.

Réseau de neurones sélectionné

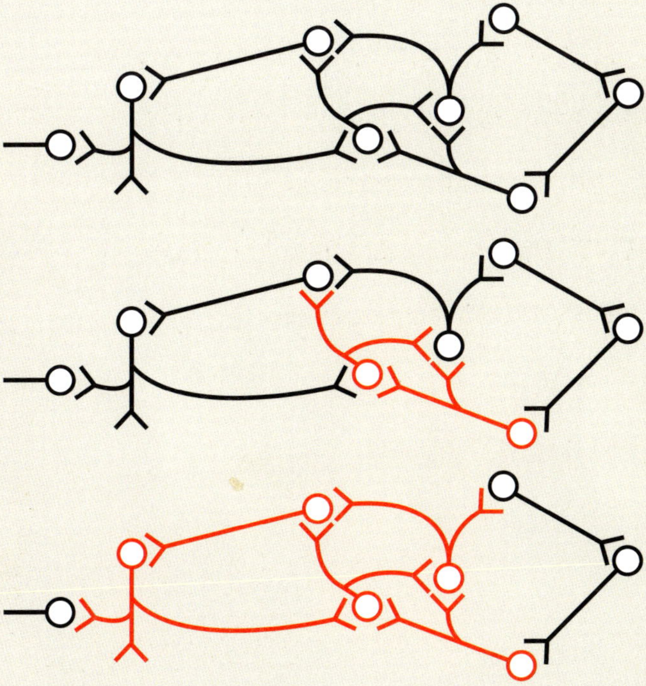

Une fois l'apprentissage accompli, cette nouvelle association durable entre certains neurones peut être mobilisée au moyen de la **mémoire**. Mémoire et **apprentissage** sont donc intimement liés. La mémoire, au fond, est la trace qui reste des apprentissages.

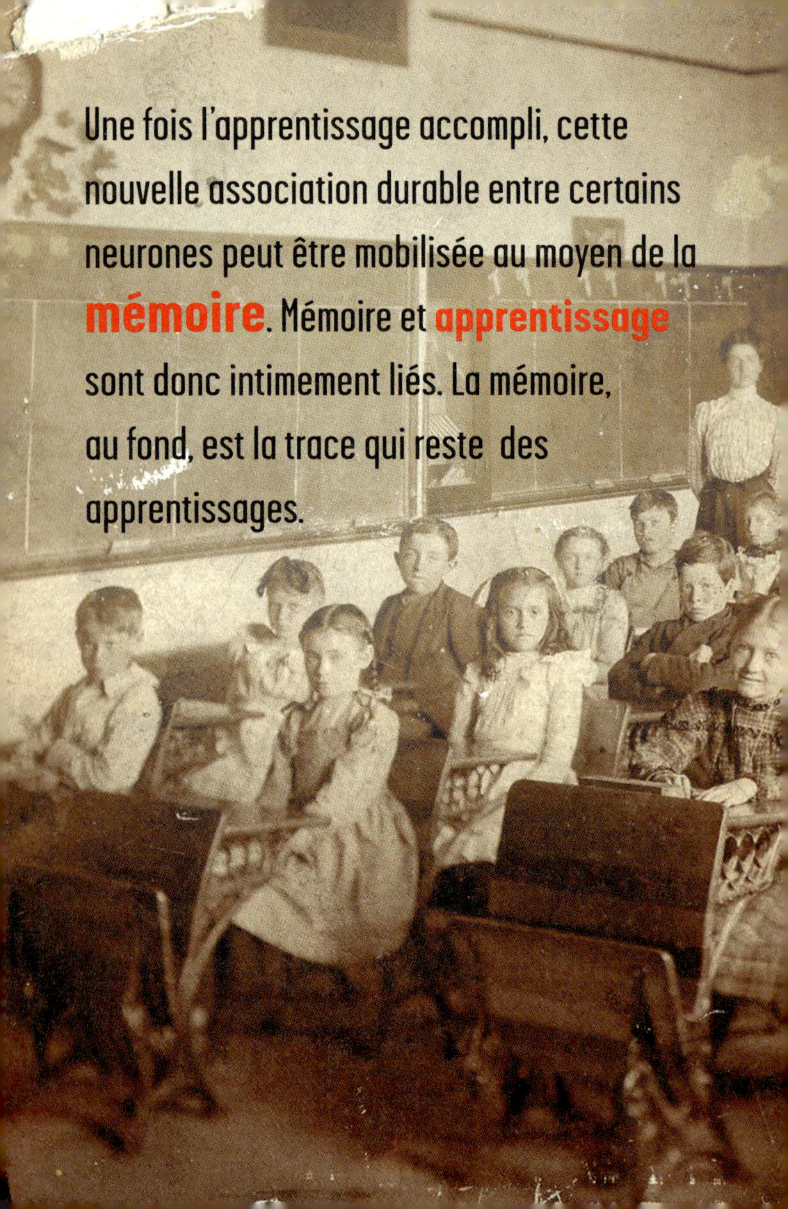

Salle de classe dans l'Iowa (États-Unis, fin du XIXe siècle)
Pour apprendre, il faut allier notre capacité d'apprentissage et notre mémoire : ainsi, nous apprenons de nouvelles choses et de nouvelles règles, mais nous réussissons à progresser en puisant dans notre mémoire. La mémoire et l'apprentissage dépendent donc l'un de l'autre. Il est également acquis que, plus notre mémoire est performante, plus nous engrangeons facilement des connaissances.

On a découvert que le souvenir d'une expérience réactive exactement le même réseau de neurones que celui activé lors de l'expérience elle-même.
Cela illustre bien que notre **mémoire** n'est pas localisée, mais fait appel aux combinaisons de neurones dans toutes les aires du cerveau. La mémoire est une **reconstruction neuronale**.

Couverture de l'édition dans La Pléiade
de *À la recherche du temps perdu*, de Marcel Proust
Le célèbre roman de Marcel Proust, écrit entre 1908-1909 et 1922, et publié entre 1913 et 1927, constitue une réflexion sur la littérature tout autant que sur la mémoire.
Dans le passage très célèbre de la madeleine trempée dans du thé, la coïncidence entre une sensation présente et le souvenir de cette même sensation, éprouvée longtemps auparavant, provoque la résurrection de tout un monde oublié.

Marcel Proust

A la recherche du temps perdu

I

ÉDITION ÉTABLIE ET ANNOTÉE
PAR PIERRE CLARAC ET ANDRÉ FERRÉ
PRÉFACE D'ANDRÉ MAUROIS
DE L'ACADÉMIE FRANÇAISE

BIBLIOTHÈQUE DE LA PLÉIADE

nrf

On a également mis en évidence la division de la mémoire. On sait maintenant que la **mémorisation** fait intervenir des structures différentes suivant le type d'information concerné et ce que l'on veut en faire. Il y a donc plusieurs **mémoires**, interconnectées et travaillant entre elles.

Schéma représentant les trois types de mémoire
Afin de ne pas nous surcharger en souvenirs inutiles, nous possédons plusieurs types de mémoire :
– une sensorielle, qui conserve subrepticement une information liée à un sens (un son, une image, une odeur) ;
– une à court terme (ou mémoire de travail), qui permet de se rappeler des informations sans grande importance durant quelques secondes ;
– une à long terme, qui se compte en jours et en années.
Une remémoration ponctuelle est indispensable si l'on ne veut pas oublier. Sinon, les informations stockées disparaissent au fur et à mesure, puisque devenues « sans intérêt ».

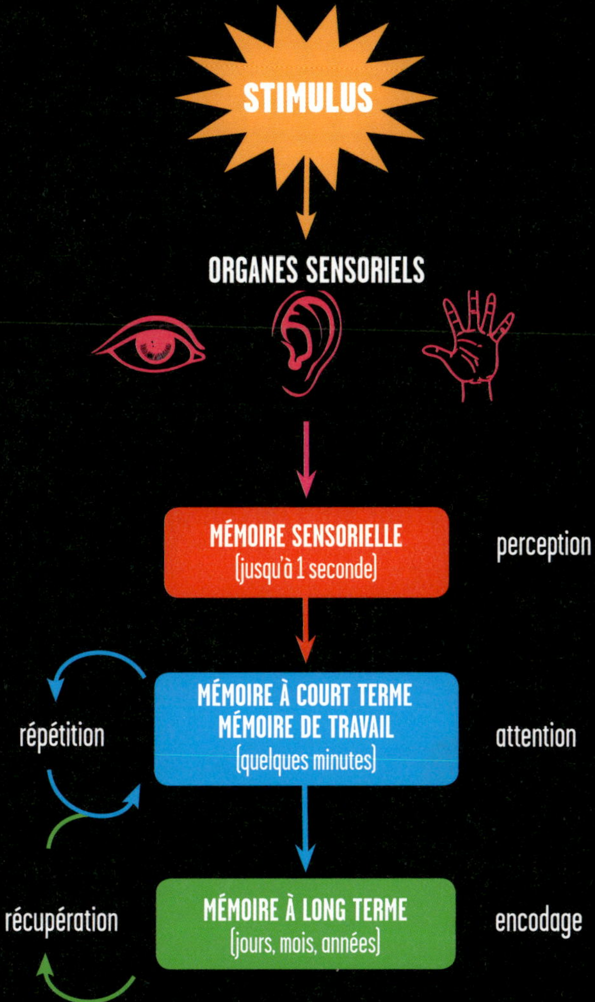
STIMULUS
ORGANES SENSORIELS
MÉMOIRE SENSORIELLE
(jusqu'à 1 seconde)
perception
MÉMOIRE À COURT TERME
MÉMOIRE DE TRAVAIL
(quelques minutes)
répétition
attention
MÉMOIRE À LONG TERME
(jours, mois, années)
récupération
encodage

La **mémoire à court terme** enregistre temporairement des données en vue de mener à bien une tâche prochaine. C'est une capacité spécifiquement **humaine**. Elle rend très actives certaines régions de notre cerveau, en particulier le lobe préfrontal, très développé chez l'*Homo sapiens*.

Affiche pour une partie d'échecs éclair entre les champions russes Anatoly Karpov et Garry Kasparov (septembre 2009)
La mémoire de travail permet de retenir une information un court instant et, en parallèle, de planifier quelque chose qui soit en rapport avec cet élément. C'est grâce à ce type de mémoire qu'un champion d'échecs peut réfléchir mentalement aux différents coups qui s'offrent à lui avant de choisir la meilleure solution.

VALENCIA
Cuna del Ajedrez Moderno
Kasparov
Karpov
"Ciudad de las Artes y las Ciencias"
del 21 al 25 de Septiembre "09
www.matchkarpovkasparov.com

Le passage de la mémoire à court terme à la **mémoire à long terme** s'effectue grâce à l'hippocampe. La répétition de l'apprentissage correspond à de multiples passages dans cette région, ce qui renforce les liens neuronaux concernés. Au bout d'un certain temps, le travail de l'hippocampe ne sera plus nécessaire : le cortex aura appris à combiner seul ces informations pour en faire un **souvenir**.

Laurence Olivier (1907-1989), célèbre acteur britannique, dans *Hamlet* (1948).
La mémoire des textes, des faits historiques, comme nos connaissances abstraites, s'inscrivent dans la mémoire sémantique, qui est la partie explicite (la plus évidente) de notre mémoire à long terme.

Notre cerveau est aussi organisé pour éliminer tout ce qui pourrait l'encombrer. **L'oubli** est donc un phénomène nécessaire. Il s'applique également aux choses insuffisamment encodées dans nos réseaux neuronaux. Il se distingue en cela de **l'amnésie**, qui est une perte de mémoire excessive causée par une lésion cérébrale ou un traumatisme psychologique.

***La Persistance de la mémoire*, tableau de Salvador Dalí (1904-1974) peint en 1931**
L'oubli est un trouble de la mémoire naturel et sans gravité. Il est indispensable pour le bon fonctionnement de la mémoire et ne doit pas être confondu avec l'amnésie, beaucoup plus grave.

***Le Hamac*, tableau de Gustave Courbet (1819–1877), peint en 1844**
Le sommeil est indispensable à notre organisme. Cet état naturel, et récurrent, permet à notre corps et à notre cerveau de se reposer. En cas de perte du sommeil, le cerveau se trouve perturbé, et des troubles psychiques peuvent alors apparaître.

Il n'existe pas de médicament miracle pour améliorer sa mémoire, mais on peut la favoriser en ayant une bonne hygiène de vie, en particulier en se ménageant un temps de **sommeil** suffisant.

Loin d'être une simple mise en veilleuse de notre activité mentale et physique, le sommeil est un réel « **état second** », aussi varié et complexe que l'état de veille.
Une personne profondément endormie donne une impression de passivité absolue.
Elle masque en fait l'activité d'un cerveau en pleine **régénération**.

Bronze représentant Éros endormi
(Grèce, IIIe siècle av. J.-C.)
En l'absence de tout stimulus extérieur, des ondes cérébrales se propagent dans plusieurs régions, notamment les aires sensitives. C'est ainsi qu'apparaissent les rêves, dont on pense qu'ils remplissent les fonctions d'exutoires émotionnel et psychologique. Mais le mystère reste entier quant à leur action sur le fonctionnement du cerveau…

Le sommeil ne permet pas seulement la régénération du cerveau : il facilite l'assimilation des derniers acquis. La **plasticité** des synapses leur permet en effet de se modifier tout au long de la vie. L'apprentissage, les souvenirs changent notre câblage cérébral et, par suite, nos façons de penser ultérieures. On peut ainsi dire que la principale activité du cerveau consiste à produire des **changements** en lui-même !

Photo de Yang Chengfu (1883-1936), très célèbre maître de tai-chi-chuan
La pratique du tai-chi-chuan est très prisée en Asie, notamment par les personnes âgées pour son rôle en matière de santé. À l'image de notre corps, le cerveau subit des détériorations au fil des années qui passent. Afin de lutter contre le vieillissement cérébral, il convient donc d'en prendre soin et de le stimuler via, par exemple, des activités sportives.

Des études montrent que le processus de **vieillissement cérébral** n'est pas dû à la chute du nombre de neurones, comme on l'a longtemps soutenu. Il est plutôt causé par la diminution de la quantité et de la qualité des **liaisons** entre neurones, sans que l'on sache très bien pourquoi et comment cette diminution se produit.

La Vanité au sablier,
attribué à Pieter-Symonsz Potter, vers 1597-1652
Genre pictural baroque, une vanité est une métaphore visuelle de la vacuité et de l'inutilité de la vie face au temps qui passe et à la mort, inévitable.

D'une certaine manière, on peut présenter la **maladie d'Alzheimer** comme une forme très accélérée de vieillissement cérébral. Elle se caractérise par une perte progressive de fonctions importantes telles que la mémoire, le langage ou la planification. La maladie touche uniquement la fine couche externe de matière grise, notre **cortex**.

Auguste Deter, la première patiente officiellement décrite comme atteinte de la maladie d'Alzheimer (1902)
En 1901, cette femme est internée à l'hôpital psychiatrique de Francfort en raison de sa démence. Elle en présente en effet tous les symptômes : désorientation, hallucinations, troubles de la mémoire et du langage... Elle est alors suivie par le neuropathologiste et psychiatre allemand Alois Alzheimer (1864-1915). Après le décès de cette patiente, en 1906, celui-ci réalise une autopsie de son cerveau : il découvre une très forte atrophie cérébrale et la présence anormale d'amas de fibres. Alzheimer vient de repérer les deux lésions cérébrales principales causées par la maladie qui portera son nom.

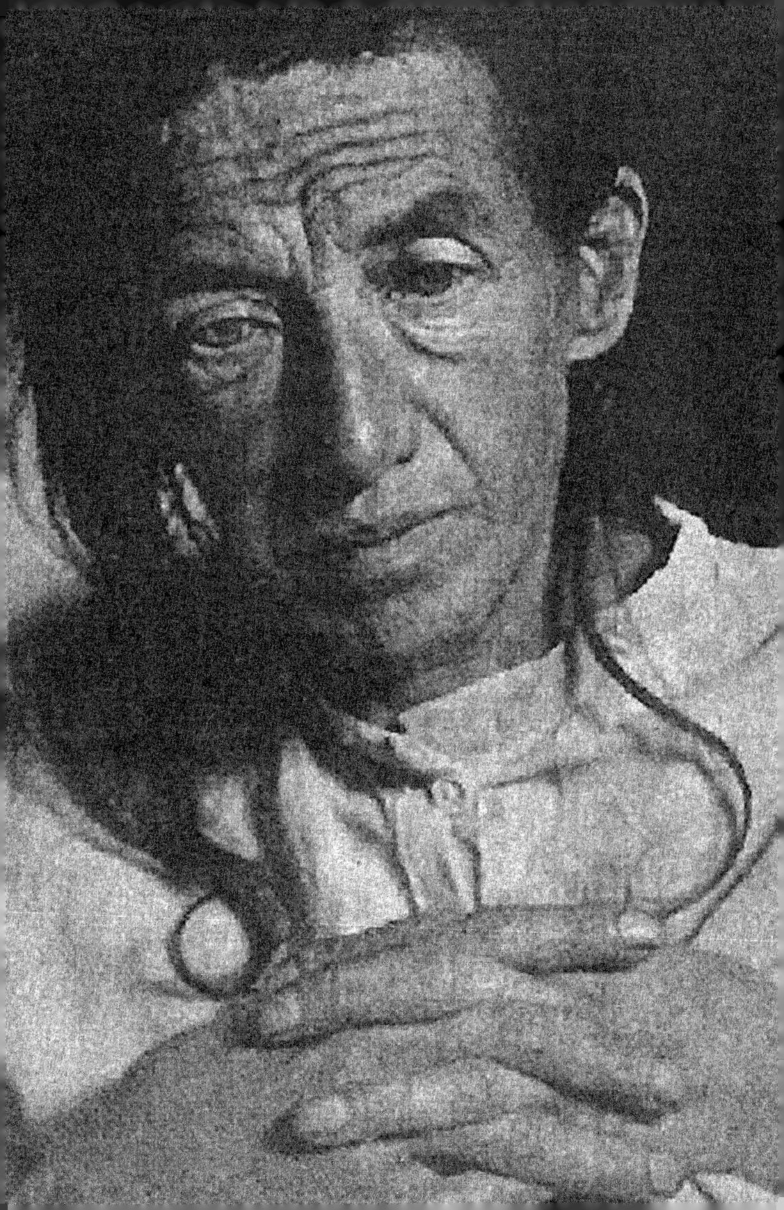

En dix ans, **l'atrophie** du cortex peut faire perdre jusqu'à 8 à 10 % de son poids au cerveau d'un patient souffrant d'Alzheimer. Il s'agit d'un phénomène **neurodégénératif**, c'est-à-dire que le système nerveux se dégrade de manière irréversible.

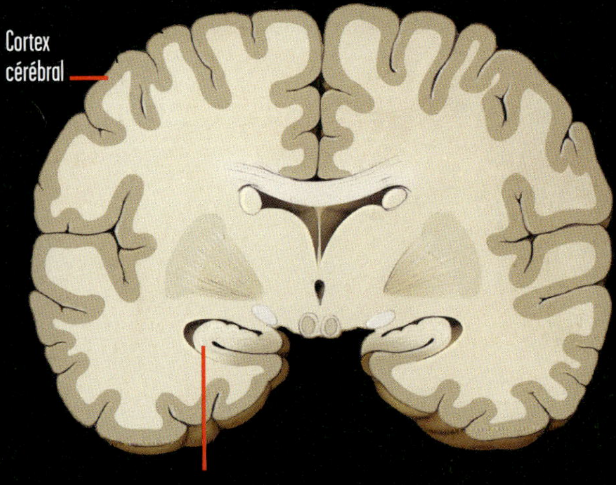

Le rétrécissement du cortex est très marqué dans la région où se trouve **l'hippocampe**, dont on a vu qu'il joue un rôle essentiel dans la mémoire.

Comparaison entre un cerveau normal (à gauche) et celui d'un patient atteint de la maladie d'Alzheimer (à droite)
On peut clairement voir que le cerveau du malade a beaucoup perdu de substance grise, donc de cellules nerveuses.

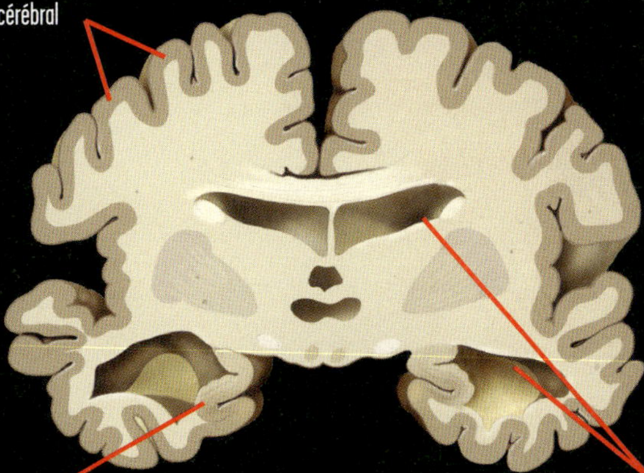

Le développement des techniques d'**imagerie médicale** permettent d'observer *in vivo* l'activité électrique et les flux sanguins dans le cerveau. Leurs variations déterminent les zones cérébrales sollicitées lors de différents processus mentaux. De grands progrès ont ainsi été réalisés dans la **compréhension** du fonctionnement cérébral.

Cerveau d'un homme de 56 ans étudié par tomographie à émission de positons (TEP)
La TEP est une méthode d'observation médicale qui permet de faire apparaître l'activité métabolique d'un organe en trois dimensions. Les chercheurs observent alors les zones du cerveau qui sont activées dans différentes situations : par exemple, lorsque le patient parle, lit, pense ou encore quand il regarde la photo d'une personne aimée... Nos pensées, nos actions et nos émotions peuvent donc désormais être associées à des états neurochimiques dans des zones particulières de notre cerveau.

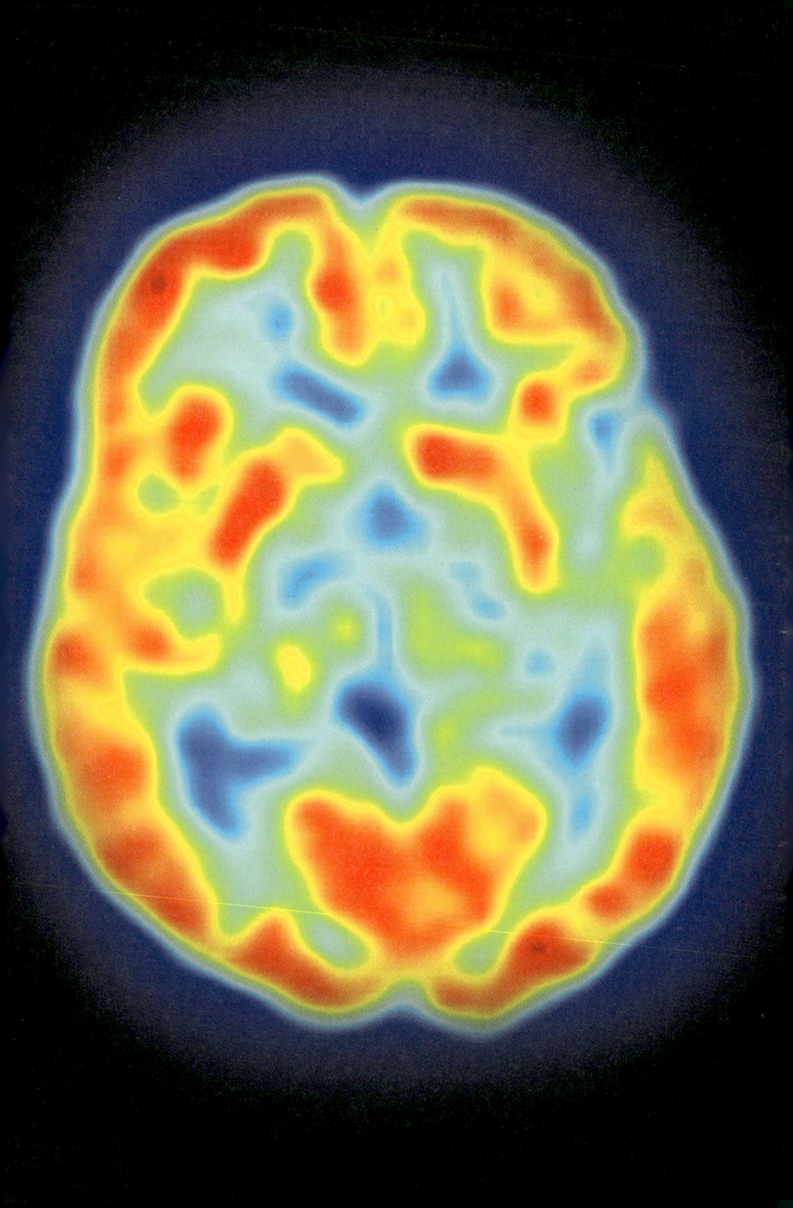

C'est le cas des découvertes autour du **circuit de la récompense**. Pour survivre, l'individu d'une espèce doit d'abord assurer ses fonctions vitales (se nourrir, se défendre et se reproduire). L'évolution a développé dans notre cerveau un circuit de la récompense pour favoriser les comportements liés à ces besoins fondamentaux par l'obtention d'une sensation de **plaisir**.

Le hamburger, symbole d'un plaisir gustatif immédiat
La faim illustre parfaitement le circuit de la récompense. En effet, lorsqu'on satisfait ce besoin primaire, le cerveau nous récompense par une sensation de plaisir plus ou moins intense.

Le circuit de la récompense a d'abord été mis en évidence dans les années 1950 par une **expérience** demeurée célèbre : un rat, qui peut déclencher lui-même son circuit de la récompense au moyen d'une électrode, s'autostimule sans arrêt, jusqu'à en mourir. C'est le **noyau accumbens** qui est impliqué dans cette expérience.

Rat de laboratoire (1952)
En 1952, James Olds et Peter Milner, deux chercheurs américains, font des expériences sur des rats. L'animal qui peut provoquer à volonté une sensation agréable va cesser de manger, pour se consacrer entièrement à sa satisfaction. Cette découverte du centre du plaisir joua un rôle fondamental dans la recherche sur le circuit de la récompense, mais aussi sur les états de dépendance et d'addiction.

Le noyau accumbens est une zone neuronale connectée à l'**aire tegmentale ventrale** (ATV), une autre région du cortex, qui reçoit l'information du niveau de satisfaction de nos besoins et désirs.

Cette connexion s'effectue grâce à un neurotransmetteur particulier, la **dopamine**.

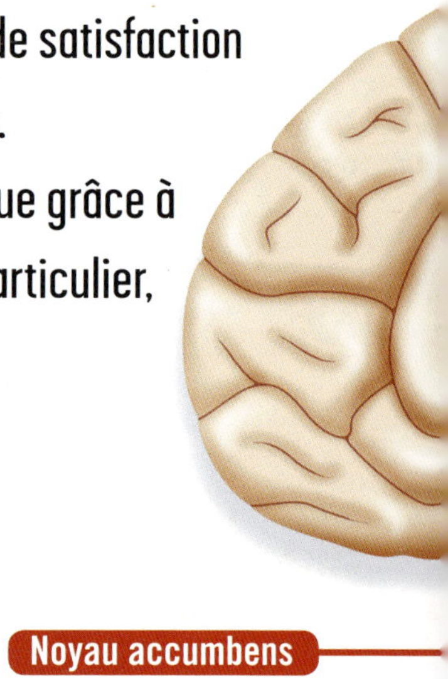

Emplacement du noyau accumbens et de l'aire tegmentale ventrale dans le cerveau
Ces deux régions, qui sont liées l'une à l'autre, forment le circuit de la récompense.

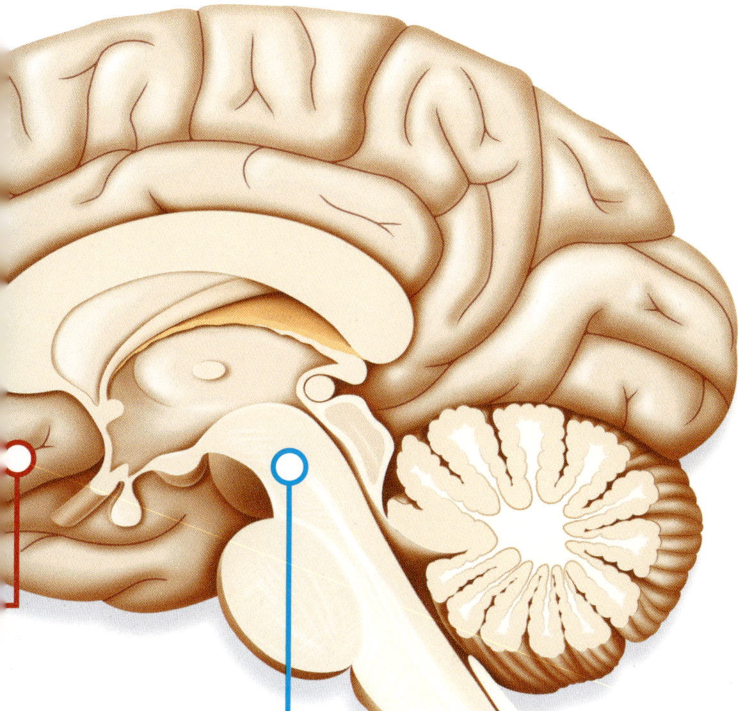
ATV

On a en effet constaté une augmentation de **dopamine** dans des cerveaux de rats quand ceux-ci pratiquaient des activités gratifiantes. Dans les années 1990 a été confirmée l'association entre nos comportements de recherche de **récompense** et la dopamine.

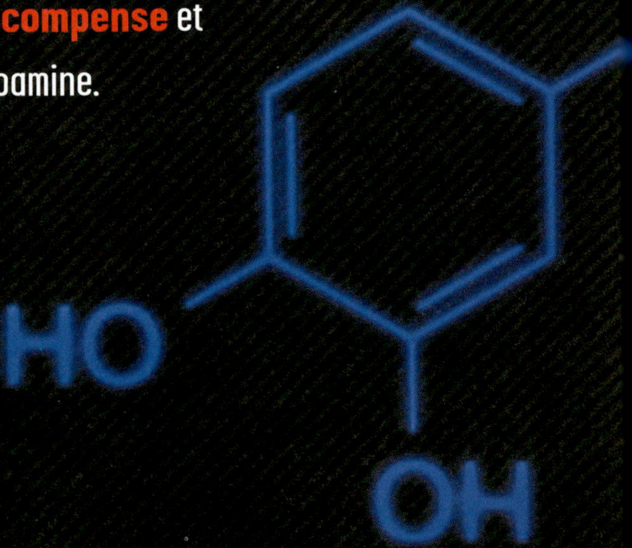

Structure chimique de la dopamine

La dopamine est un neurotransmetteur très peu présent dans le cerveau. En effet, il n'y a que 0,3 % des neurones qui génèrent de la dopamine. Néanmoins, son rôle est vraiment essentiel : si quelques-uns de ces neurones sont détruits et que la dose de dopamine se réduit ainsi dans le cerveau, de forts tremblements apparaissent. En revanche, il se pourrait que trop de dopamine dans le système nerveux entraîne la schizophrénie.

On a découvert que la plupart des **drogues** augmentent la quantité de dopamine dans le cerveau. Elles perturbent le circuit de la récompense et le surstimulent. Le cerveau s'adapte à cet apport extérieur en modifiant son équilibre biochimique naturel.

Un nouvel équilibre s'installe, jusqu'à ce que la dose extérieure vienne à s'épuiser. La personne ressent un manque et, donc, le besoin de la drogue pour augmenter la quantité de dopamine. C'est ainsi que la **dépendance** s'installe.

Les drogues, qu'elles soient légales (tabac, alcool, antidépresseurs...) ou non (cannabis, héroïne, cocaïne...), agissent sur le cerveau
Ces substances psychoactives perturbent les communications neuronales ainsi que certaines activités cérébrales et modifient – à différents degrés – l'état de conscience du consommateur.

La personne **dépendante** a le même comportement que le rat de l'expérience : elle stimule ses centres du plaisir directement, déséquilibrant le fonctionnement de son cerveau.

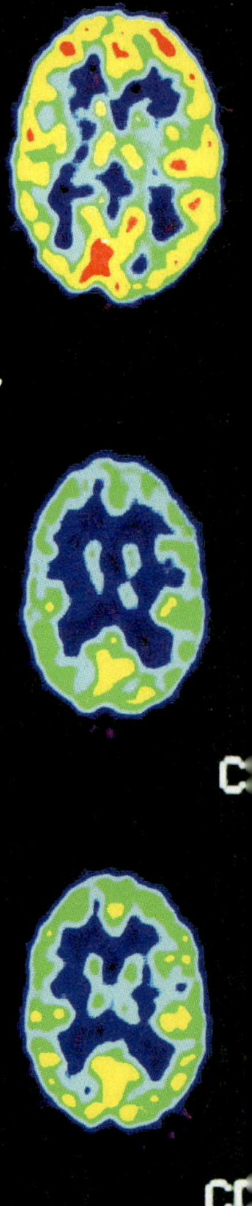

Comparaison entre les TEP du cerveau d'un sujet non dépendant et celui d'un cocaïnomane après dix, puis cent jours d'addiction
Ici, le jaune et le rouge indiquent une activité métabolique normale, mais on voit clairement que ces deux couleurs sont beaucoup moins présentes sur les TEP du cocaïnomane. Les drogues interfèrent donc avec le bon fonctionnement du cerveau. Il en résulte une déconnexion du plaisir et des besoins qui génère, peu à peu, des états de manque et de dépendance chez les consommateurs réguliers de drogues. On appelle cette situation pathologique la « toxicomanie ».

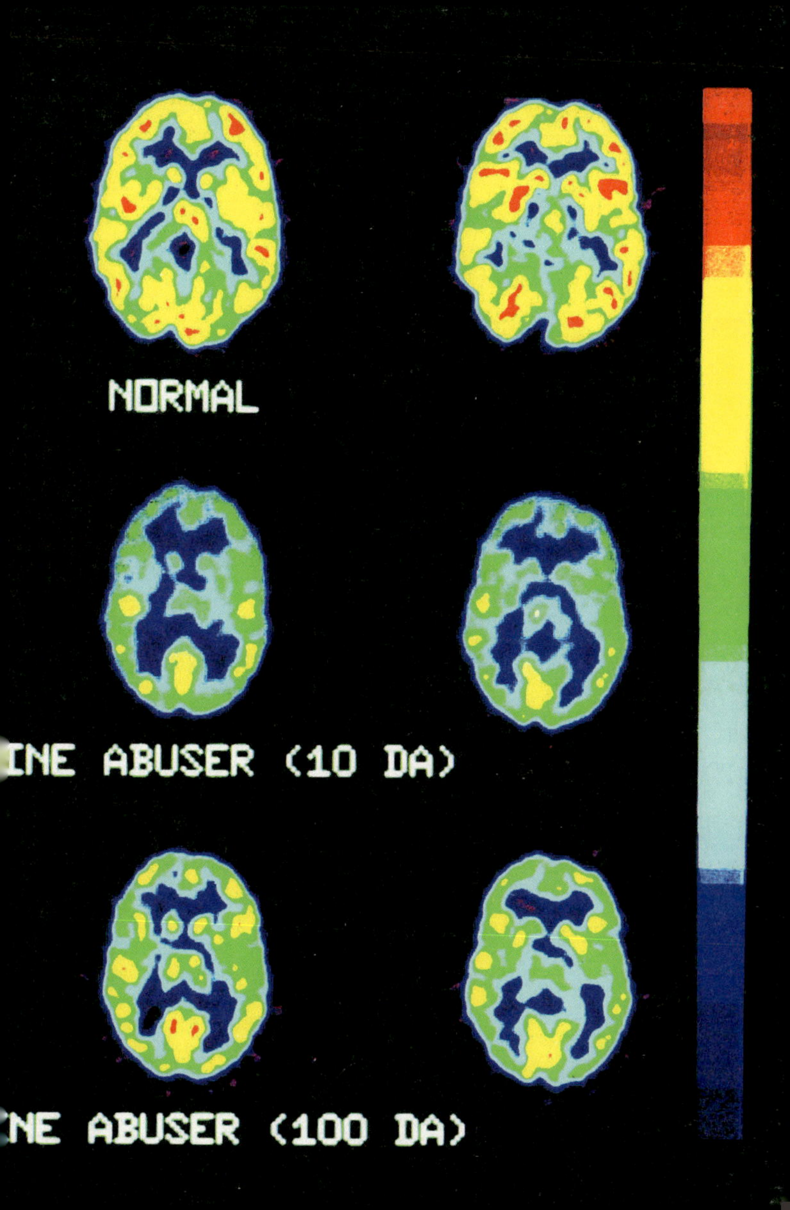
NORMAL
INE ABUSER (10 DA)
NE ABUSER (100 DA)

Le **plaisir** n'est qu'une partie de ce que l'on appelle le **bonheur**, qui ne se réduit pas à l'activation par la dopamine de notre circuit de la récompense. Car l'absence d'émotion **négative** est nécessaire pour se sentir heureux : dès que la peur, l'angoisse ou la tristesse nous envahit, le bonheur s'évanouit.

Enfants du Bhoutan

Le Royaume du Bhoutan est un petit pays d'Asie du Sud situé dans l'est de la chaîne de l'Himalaya. En 1972, le roi, Jigme Singye Wangchuck, a préconisé de créer l'indice du « bonheur national brut (BNB) », tentative de définition du niveau de vie en des termes plus psychologiques et holistiques que le produit national brut.

On a identifié l'**amygdale** comme la structure cérébrale associée aux émotions négatives dans chacun des hémisphères.
Cette structure du système limbique est chargée de nous avertir de la présence d'un danger et déclenche la réaction de **peur**, puis de fuite ou de lutte.

Modélisation en 3D de la région des amygdales
L'amygdale (en rouge sur le dessin) est une partie du cerveau qui doit son nom à sa forme rappelant celle d'une amande (*amygdala* en latin). Comme la plupart des structures de notre cerveau, elle est double. Nos amygdales sont situées tout près de l'hippocampe, dans la partie frontale du lobe temporal.

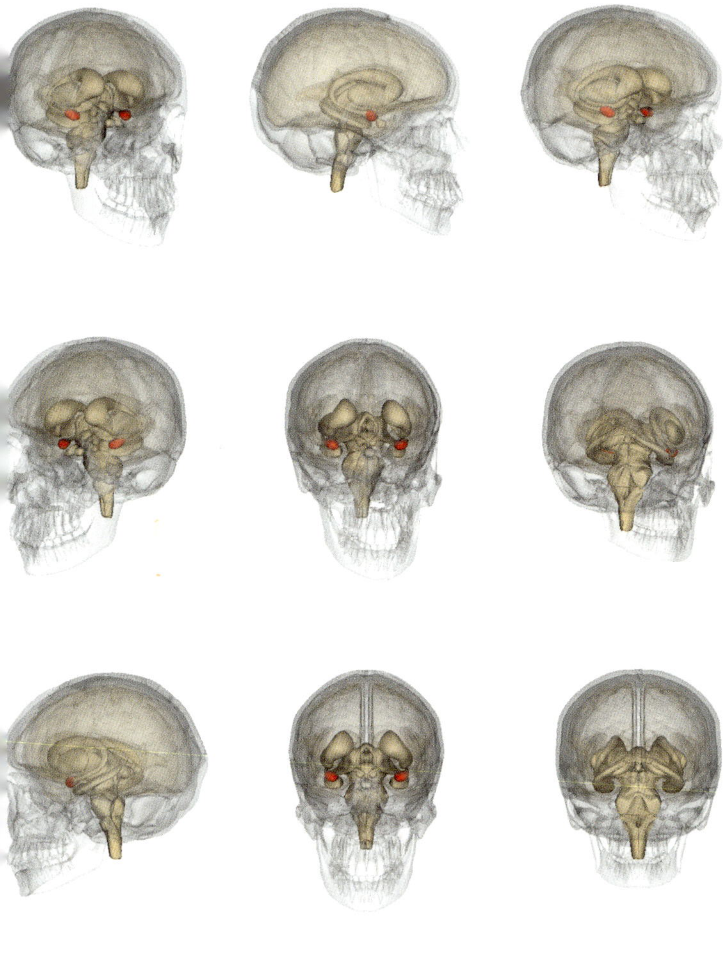

La partie centrale de l'amygdale joue un rôle important dans les troubles **anxieux** impliquant des peurs spécifiques comme les **phobies**. On a par exemple observé, chez un groupe d'enfants très anxieux, des amygdales plus volumineuses en moyenne que celles d'enfants « normaux ».

Gravure tirée du livre *The Expression of the Emotions in Man and Animals*, du naturaliste anglais Charles Darwin (publié en 1872),
La phobie est une peur majeure et irrationnelle : elle est liée à quelque chose (araignée, serpent, sang…) ou à une situation spécifique (foule, baignade, vol en avion…). Cette peur peut entraîner l'hystérie ou une attaque de panique, mais elle devient pathologique lorsqu'elle donne lieu à une souffrance importante et à une détérioration de la qualité de vie.

Tout ce qui peut **diminuer** l'activité des amygdales est bon à prendre et nous éloigne donc de l'état d'anxiété. C'est le cas, notamment, des tâches mentales **non émotionnelles**, ce qui confirme l'idée répandue que se tenir toujours occupé est une des bases du bonheur.

Rubik's Cube avec une face en cours de rotation.
Le Rubik's Cube est un casse-tête inventé en 1974 par le Hongrois Erno Rubik, et qui s'est rapidement répandu sur toute la planète au cours des années 1980 (plus de 100 millions de cubes furent vendus entre 1980 et 1982).

Outre l'amygdale et le circuit de la récompense, une autre aire cérébrale entre en jeu dans la sensation de **bonheur** : une région médiane du cortex préfrontal, d'où émergerait le sentiment de **cohérence**, de sens, nécessaire à notre bonheur. Or, l'activité de cette région est très réduite chez les personnes atteintes de **dépression**.

Statue de *Hotei* dans le temple bouddhiste zen de Jochi-ji (Japon)
Hotei selon son nom japonais, ou *Budai* selon son nom chinois, est connu sous le nom de « Bouddha riant », le dieu du Bonheur et de la Générosité.

On a en effet constaté, chez ces sujets, une baisse globale de l'activité du **cortex préfrontal** doublée d'une augmentation de celle des structures limbiques. Or, c'est le cortex préfrontal qui freine les réponses émotionnelles. La **baisse** de son efficacité laisse donc libre cours aux émotions négatives en provenance de l'amygdale et des structures limbiques. Le scénario s'inverse en phase **maniaque** (et chez les schizophrènes), où l'on constate une **hyperactivité** du cortex frontal.

Comparaison entre les TEP des cerveaux d'une personne dite « normale », d'un schizophrène et d'un individu dépressif.

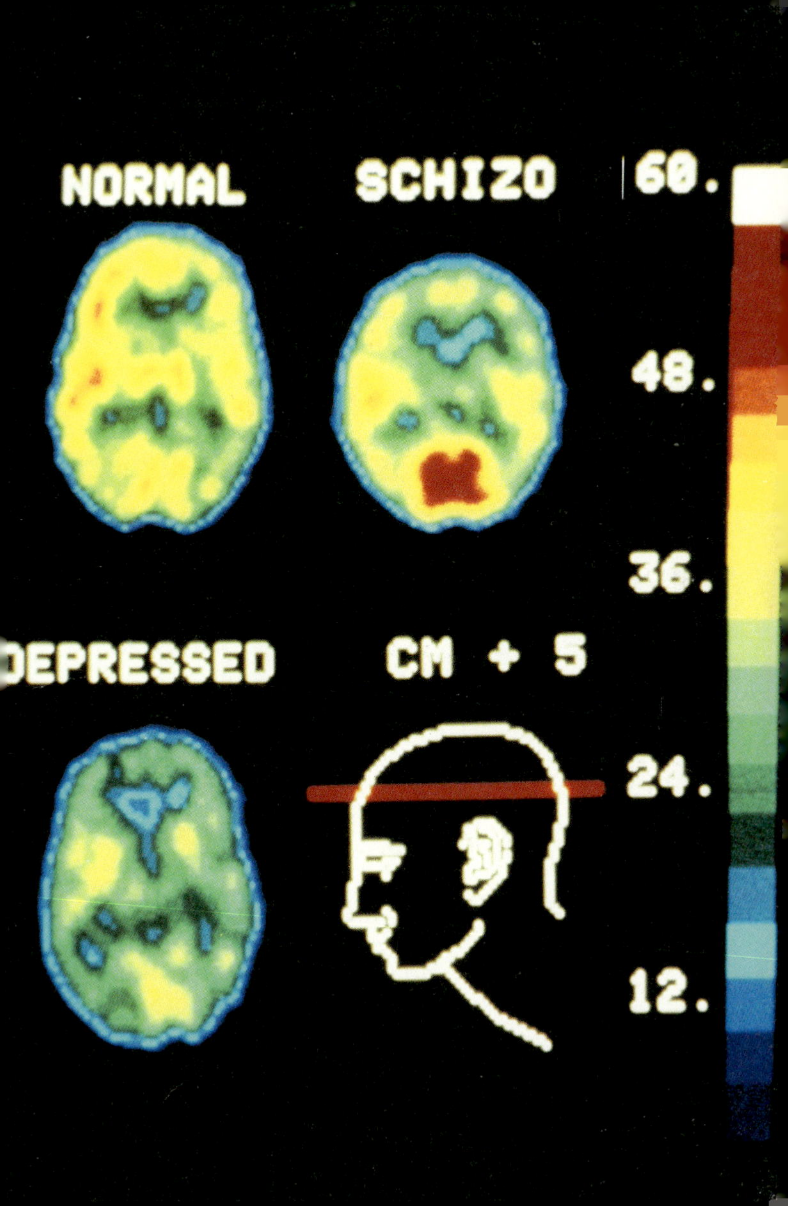
NORMAL
SCHIZO
60.
48.
36.
24.
12.
DEPRESSED
CM + 5

Les **antidépresseurs** permettent d'inverser ce schéma en augmentant l'activité du cortex tout en diminuant l'hyperactivité limbique. Pour ce faire, la majorité d'entre eux agissent sur le taux de certains neurotransmetteurs, notamment sur celui de la **sérotonine**.

Parodie de publicité brocardant le Prozac
Affiche ironique vantant les bienfaits de la « pilule du bonheur » en imitant les publicités de lessive des années 1950 : « Meilleur que jamais ! Avec Prozac, dites au revoir au blues ! » Le Prozac n'en est pas moins l'un des antidépresseurs les plus prescrits au monde. Il est recommandé en cas de dépression, d'anxiété extrême ou de troubles obsessionnels compulsifs.

Fresher! Cleaner!
Better Than Ever!
NEW IMPROVED LIFE!
America's #1 Selling Drug!
Prozac
MOOD BRIGHTENER
Wash Your Blues Away!

Le taux de **sérotonine** est directement lié aux états dépressifs. Il est contrôlé par nos gènes, ce qui peut expliquer l'incidence plus élevée de la dépression dans certaines familles. Il semble que le taux de sérotonine soit également affecté par les soins — ou l'absence de soins — parentaux reçus au début de la vie.

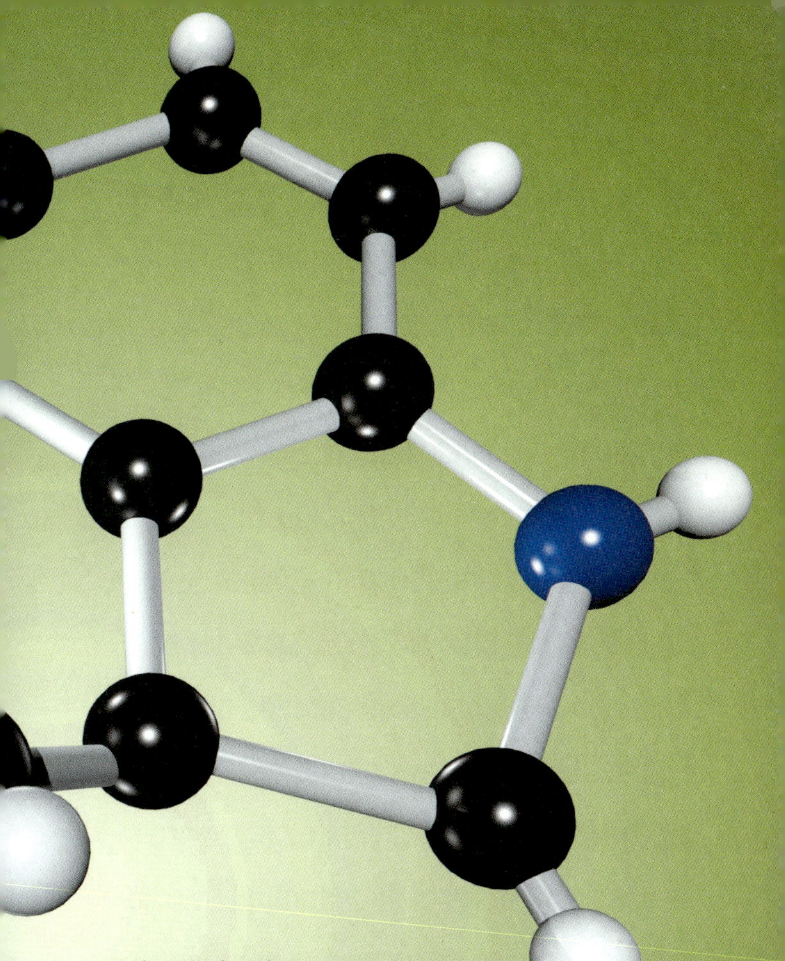

Molécule de sérotonine
La sérotonine est constituée d'atomes de carbone (noir), d'hydrogène (rouge), d'azote (bleu) et d'oxygène (blanc). Présente dans le cerveau en tant que neurotransmetteur, la sérotonine est également une hormone que l'on retrouve dans tout l'organisme.

Pourquoi l'élévation du taux de sérotonine causée par les antidépresseurs rend-elle plus apte à combattre la dépression ? On pense que les médicaments les plus efficaces, comme la **fluoxétine** (dont Prozac est le nom commercial) soulagent l'état dépressif en favorisant la croissance de **nouveaux neurones** dans la région particulière du cerveau qu'est l'hippocampe. Cette observation **révolutionnaire** est venue contredire le dogme centenaire énonçant qu'il ne se développait pas de nouveaux neurones dans le cerveau humain adulte.

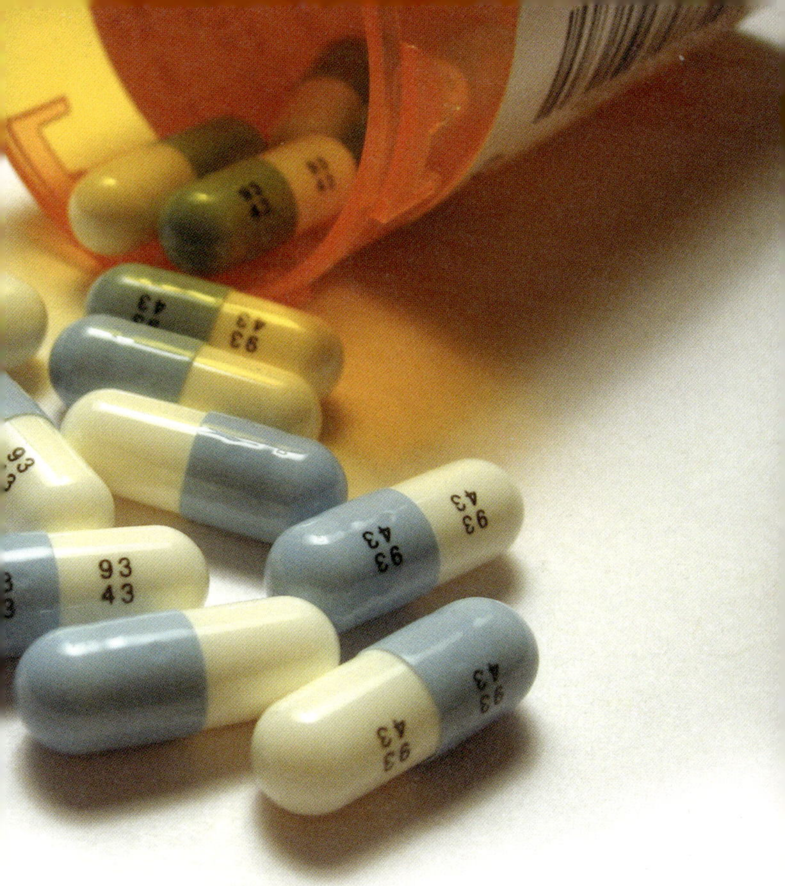

Gélule de fluoxétine

Le chlorhydrate de fluoxétine est un inhibiteur sélectif de la recapture de la sérotonine. La dépression serait liée à un manque de stimulation du neurone récepteur dans les synapses. Pour le stimuler, la fluoxétine empêche la recapture de la sérotonine. Celle-ci reste plus longtemps dans l'espace synaptique, augmentant ses chances d'être reconnue par le récepteur.

La **dépression** ne serait donc pas uniquement due à un déséquilibre entre certains messagers chimiques du cerveau. Une hypothèse de recherche avance que les dépressions récurrentes se rapprocheraient davantage d'une maladie **dégénérative**, où des cellules et des connexions nerveuses sont endommagées ou détruites.

Le Vieil Homme triste,
de Vincent Van Gogh (1890)
Une dépression nerveuse désigne, en psychiatrie, un état pathologique modifiant l'humeur et ralentissant l'activité cérébrale et le développement psychomoteur. Ainsi, un sujet dépressif est pessimiste, se sent impuissant, ou encore se dévalorise. Ce qui peut conduire au suicide, comme ce fut peut-être le cas pour Van Gogh.

Certains médecins pensent que les antidépresseurs sont trop prescrits. Ils rappellent leurs effets secondaires et insistent sur le fait que la **dépression** n'est pas qu'une question de biochimie. Il s'agit d'un problème psychosocial complexe, qui peut aussi être amélioré par une **psychothérapie**.

Publicité pour une permanence téléphonique d'aide aux désespérés
À partir des années 1960 sont apparues des associations comme SOS Amitié, encourageant les personnes souffrant de dépression à joindre au téléphone des correspondants pouvant les aider en les écoutant.

Le principe moteur de la **psychothérapie** est la libération de la parole, visant à l'expression des douleurs morales et des problèmes liés aux **émotions**. Comme la mémoire, les émotions ne se réfèrent à aucun siège précis dans le cerveau : peur, colère, tristesse, dégoût... dépendent de différentes aires cérébrales et de leur communication entre elles.

Expression de la tristesse dans un dessin de *comics* (John Romita, né en 1930)
Il n'y a pas de région spécifique aux émotions dans le cerveau. Par exemple, les aires activées pour contrer un danger (et qui nous font ressentir la peur) ou celles qui nous font ressentir la tristesse ne sont pas les mêmes que celles provoquées par le sentiment amoureux ou qui nous poussent à nous reproduire (et qui nous font ressentir le désir et l'attachement).

MOT NON PERÇU CONSCIEMMENT

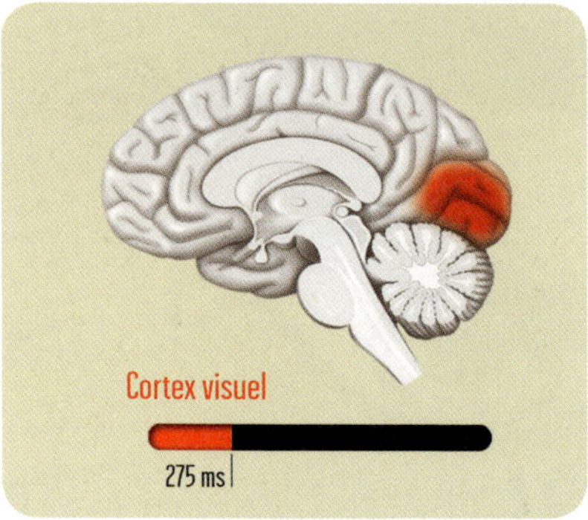

Observer ces échanges entre aires cérébrales permet aujourd'hui de mieux étudier la question de la **conscience**. Tout se passe comme si les phénomènes conscients provenaient d'un système de **résonance** entre les multiples régions du cerveau.

Une expérience (menée par Claire Sergent, Sylvain Baillet et Stanislas Dehaene) s'est fixé pour but de suivre l'évolution de l'activité nerveuse lorsqu'un mot, brièvement projeté sur un écran, est perçu consciemment ou non, suivant la durée de sa projection. Les 275 premières millisecondes (ms) sont identiques : seul le cortex visuel est activé. Par la suite, l'activité cérébrale diffère. Elle est amplifiée, puis largement diffusée, d'abord au cortex frontal (dès 300 ms), puis préfrontal (350 ms), cingulaire antérieur (450 ms) et finalement pariétal (575 ms).

MOT PERÇU CONSCIEMMENT

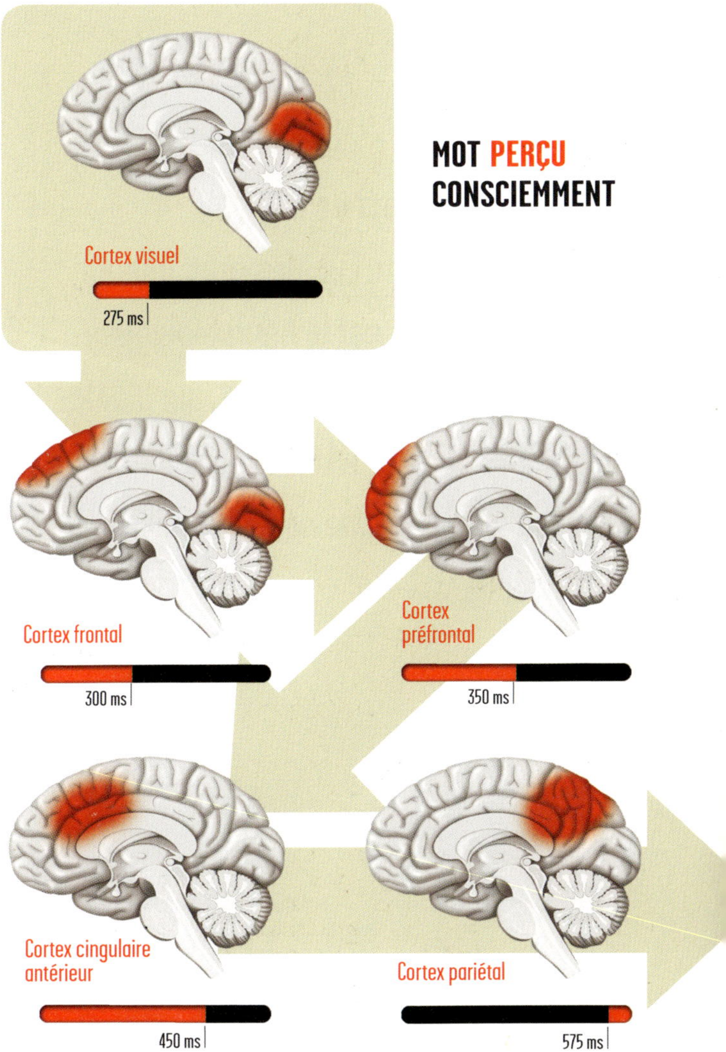

En ce début de XXIe siècle, l'étude de la conscience est un domaine en pleine ébullition. L'un des précurseurs de cette approche est le neurobiologiste français Jean-Pierre Changeux, qui a défendu une théorie **neuronale** de la pensée dans son livre *L'Homme neuronal*, paru en 1983.

Jean-Pierre Changeux (né en 1936)
Ce neurobiologiste français étudie la relation entre le cerveau et l'esprit. Membre de l'Académie des sciences depuis 1986, il a défendu dans de nombreux articles et livres destinés au grand public la thèse selon laquelle notre système nerveux n'est pas passif, mais actif.

La question de la **conscience** — et donc celle de la relation corps-esprit — est un débat central et ancien de l'histoire de la philosophie et de la science. L'option **idéaliste** pose que le monde n'est qu'esprit. Il n'y a pas de matière, mais illusion de notre conscience. Cette option va à l'encontre de toute méthode scientifique, mais est difficile à contredire : puisque c'est l'esprit (le cerveau) qui perçoit la matière, comment prouver qu'il s'agit bien de matière ? Pour les **dualistes**, il existe deux mondes, celui de la matière et celui de l'esprit. Cela pose immédiatement plusieurs questions : comment une vie de l'esprit est-elle possible dans un corps de chair et... d'où vient l'esprit ? La position **matérialiste**, déjà défendue dans l'Antiquité, affirme qu'il n'y a rien d'autre dans le monde que de la matière. Notre conscience serait le produit des interactions neuronales dans notre cerveau. Il sera donc un jour possible de décrire le fonctionnement des processus cérébraux à l'origine des différentes composantes de la conscience. Enfin, une dernière conception plaide qu'il n'y a probablement **pas de solution** à ce problème. Pour les tenants de cette position, la question est vertigineuse : comment le cerveau pourrait-il percer son propre **mystère** ?

Aujourd'hui, les chercheurs traquent l'origine de la tristesse, de la joie ou de l'amour dans les méandres du cerveau.

Antonio Damasio, l'un des spécialistes des neurosciences les plus importants, dresse les nouvelles cartes de la conscience et des émotions, tout en reconnaissant que l'on est encore au stade de la description de ces phénomènes et non de l'explication de leurs origines.

C'est pourquoi il rappele ces vers de Fernando Pessoa : « Mon âme est un orchestre **caché**. [...] Je ne me connais que comme symphonie. »

Le livre le plus récent d'Antonio Damasio,
***Self Comes to Mind - Constructing the Conscious Brain* (2011)**

D'où vient que nous soyons des êtres conscients, éprouvant toujours, dès que nous ouvrons les yeux et quoi que nous fassions, le sentiment inébranlable d'être toujours les mêmes ?
La conscience et le soi ne sont pas une « chose », une « substance », une « entité » en nous, comme on l'a longtemps postulé. Bien au contraire, ils forment un ensemble dynamique de processus nés petit à petit au fil de l'évolution biologique.

Quoi qu'il en soit des origines de notre conscience, notre cerveau — cette machine sophistiquée qui chaque instant réalise des milliers de tâches, comme celle de lire ce livre — est au centre de toute notre vie.

Il convient donc d'en prendre soin
et de le **stimuler** en permanence.

En **jouant**, par exemple...

Cube
Quelles sont les deux pièces numérotées (1 à 6) qui se complètent parfaitement pour former le cube A ?

1
2
6
A
3
5
4
Solution

Pour en savoir plus

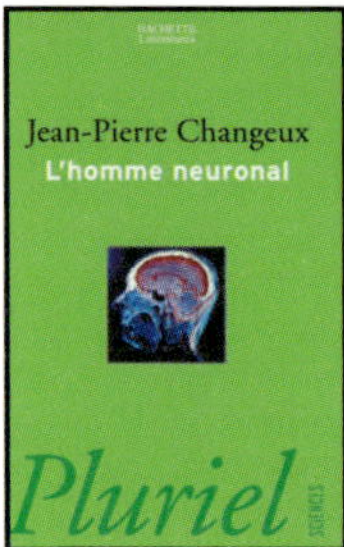

L'Homme neuronal

JEAN-PIERRE CHANGEUX

ESSAI

Les structures élémentaires du cerveau peuvent être analysées comme serait démontée une machine. Mais son organisation intime et ses modalités de fonctionnement sont extrêmement complexes, d'autant qu'il est capable de s'auto-organiser et de s'auto-programmer, notamment en fonction de l'environnement et des acquis ! Pour le neurobiologiste Jean-Pierre Changeux, cela signifie entre autres que le cerveau ainsi constitué conditionne notre représentation du monde.

Éditeur : Hachette, collection « Pluriel »

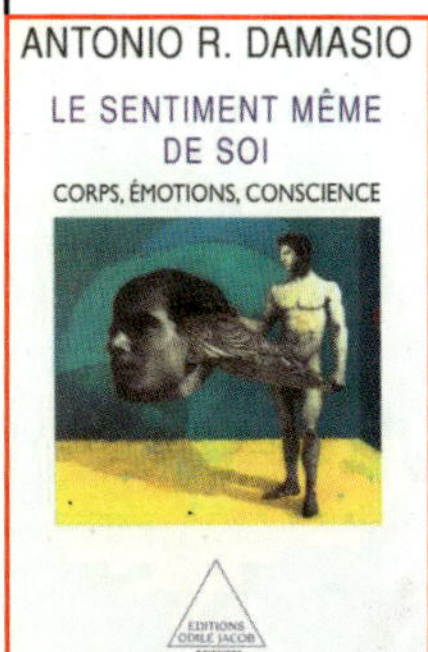

Le Sentiment même de soi : corps, émotions, conscience

ANTONIO R. DAMASIO

ESSAI

Antonio Damasio expose en termes biologiques comment le cerveau engendre les structures mentales qui nous donnent ce sentiment de nous-même dont nous faisons l'expérience lorsque nous pensons, percevons, imaginons. La conscience de soi s'explique. Nous savons e[redacted]mes et pourquoi.

Éditeur : Od[redacted]

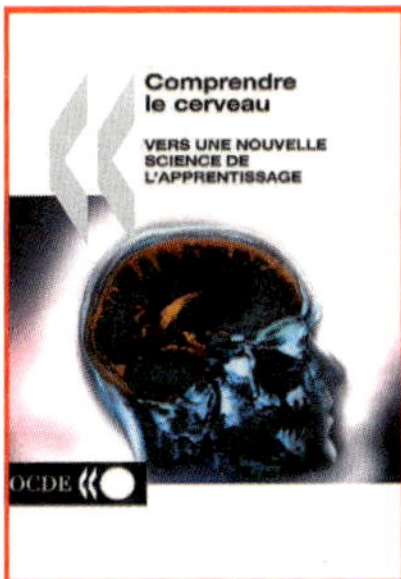

Comprendre le cerveau

BRUNO DELLA CHIESA — ESSAI

Bruno Della Chiesa dresse un panorama des connaissances en matière de sciences cognitives et de recherche sur le cerveau. Il examine notamment son fonctionnement à différentes étapes de la vie et son rôle dans l'acquisition de compétences comme la lecture et le calcul. Une travail passionnant et accessible à tous, qui vise à établir les bases d'une science de l'apprentissage.

Éditeur : EDP

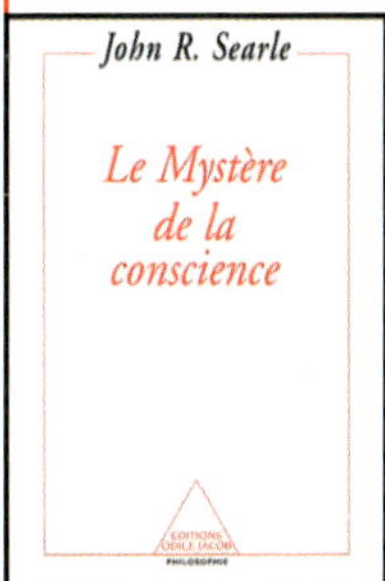

Le Mystère de la conscience

JOHN R. SEARLE — ESSAI

Le fonctionnement du cerveau et le mystère de la conscience humaine représentent deux des questions les plus importantes en science et en philosophie aujourd'hui. Pour John R. Searle, qu'on le veuille ou non, les états de la conscience sont le produit de processus neurologiques. Quelles sont alors les voies possibles pour une explication biologique satisfaisante ? L'un des grands représentants de la philosophie de l'esprit propose une réflexion critique sur les grandes conceptions qui s'affrontent aujourd'hui.

Éditeur : Odile Jacob

Pour en savoir plus

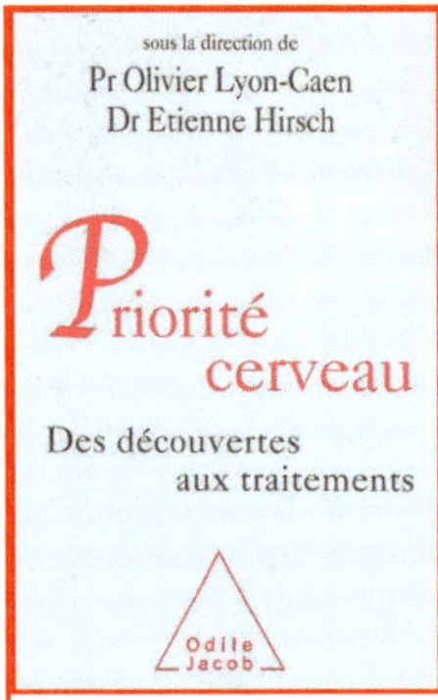

Priorité cerveau

OLIVIER LYON-CAEN
ÉTIENNE HIRSCH

ESSAI

Migraines, dépression, troubles du sommeil, maladies d'Alzheimer ou encore de Parkinson… La connaissance du cerveau et la compréhension des mécanismes à l'origine de ces maladies constituent un enjeu collectif majeur face au vieillissement de la population. Deux médecins spécialistes établissent un état des lieux de la recherche fondamentale et clinique en la matière et des traitements les plus prometteurs.

Éditeur : Odile Jacob

Le cerveau à tous les niveaux

SITE WEB

Incontournable site québécois qui permet de « voyager » dans l'univers des connaissances sur le cerveau au gré de ses besoins ou de ses envies. Chaque groupe de sujets est traité suivant trois niveaux de complexité (« débutant », « intermédiaire », « confirmé »), et le site est complété par un blogue passionnant très régulièrement réactualisé.

http://lecerveau.mcgill.ca

Hominidés, les évolutions de l'homme

SITE WEB

Site très éclectique et très complet sur tout ce qui concerne l'apparition et l'évolution du genre *Homo*. Procède par grandes catégories thématiques (« Théories », « Chronologie », « Ancêtres »...), puis par onglets, dont « La taille du cerveau humain ».

www.hominides.com

Système nerveux central

SITE WEB

Domaine consacré au cerveau sur le site Doctissimo, qui propose une très large palette d'articles scientifiques. On y trouvera notamment des informations concernant le fonctionnement (et les dysfonctionnements) du système nerveux central, les maladies qui le touchent, les traitements actuels, mais aussi des planches anatomiques, des dossiers, des enquêtes et, surtout, un dictionnaire médical, un glossaire neurologique et une encyclopédie du cerveau.

http://www.doctissimo.fr

Crédits photographiques

Les crédits ci-dessous sont classés par ordre d'apparition des visuels dans l'ouvrage. Malgré toute l'attention portée à cet index, des erreurs ont pu se glisser. Malgré nos démarches, nous n'avons pu retrouver l'origine de certaines iconographies. Leurs auteurs ou éventuels ayants-droit peuvent prendre contact avec l'agence MediaSarbacane.
(DP : domaine public / DR : droits réservés / MS : MediaSarbacane)

Couverture et page de titre : MS
Pages intérieures : Matt Groening, Rama/Wikimedia Commons, Fred Hossler/Getty images, DP, DP, Université du Michigan-National Science Foundation, Luis García/Wikimedia Commons, DP, DP, DP, DP, Vésale, icono choisie ?, Roby/ Wikimedia Commons, DP, MS, DR, DP, DP, DP, DP, DP, Paul Broca, MS, DP, DP, DP, DP, DR, DP, Der Lange/Wikimedia Commons, DR, JMD collection, DP, Nicolas.Rougier/ Wikimedia Commons, DP, MS, MS, MS, MS, MS, BSIP, BSIP, Nicolas.Rougier/Wikimedia Commons, MS, MS/Wikipedia, MS, Phototake/Kunkel/BSIP, Jacopin/BSIP, DR, MS, MS, MS, JMD Collection, Les Films du Carrosse, Omikron/BSIP, DP, MS, DP, JMD Collection, Blake Rudis, DR, MS, Jacopin/BSIP, MS, INSEP, Jacopin/BSIP, DR, MS, MS, DR, Gallimard, MS, DR, DP, Getty Images, DP, DR, DR, DP, DP, DP, MS, DP, DP, DR, BSIP, MS, Tomasz Sienicki/Wikimedia commons, Science source/BSIP, DP, MS, DP, DP, Andrea Schaffer/Wikimedia commons, Science source/BSIP, DR, SPL/BSIP, DP, DP, DR, MS, DR, DP, MS

Dans la même collection

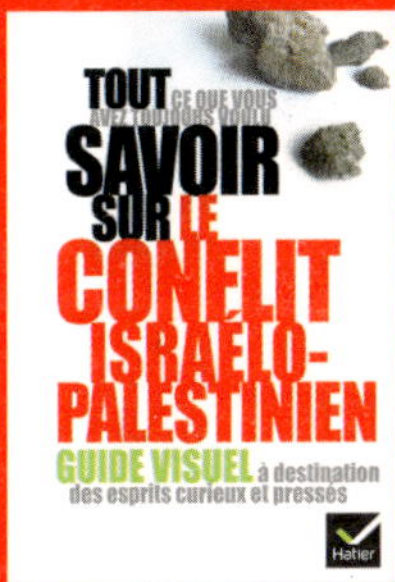

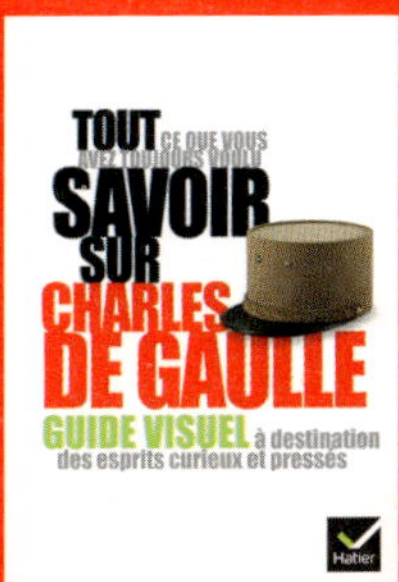

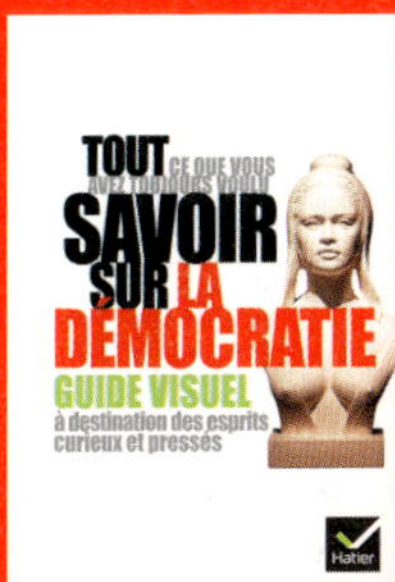

À paraître :

- La Chine
- L'eau
- Marilyn Monroe
- Les abeilles
- Le corps humain
- La mafia